~ 麦田金老师的解密烘焙 ~

TANGGUOYANJIUSHI

糖果研究室

麦田金　著

辽宁科学技术出版社
·沈阳·

图书在版编目（ＣＩＰ）数据

糖果研究室 / 麦田金著. —沈阳 : 辽宁科学技术出版社, 2017.3
ISBN 978-7-5591-0075-7

Ⅰ.①糖… Ⅱ.①麦… Ⅲ.①糖果－制作 Ⅳ.①TS246.4

中国版本图书馆CIP数据核字(2017)第001455号

出版发行：辽宁科学技术出版社
　　　　　（地址：沈阳市和平区十一纬路25号 邮编：110003）
印 刷 者：辽宁新华印务有限公司
经 销 者：各地新华书店
幅面尺寸：170mm×240mm
印　　张：9
字　　数：400千字
出版时间：2017年3月第1版
印刷时间：2017年3月第1次印刷
责任编辑：康　倩
封面设计：魔杰设计
版式设计：魔杰设计
责任校对：李淑敏
书　　号：ISBN 978-7-5591-0075-7
定　　价：36.00元

联系电话：024-23284367　联系人：康倩
邮购热线：024-23284502
邮　　箱：987642119@qq.com

糖——食物的灵魂！

无论口味甜、咸，做法是蒸、煮、炒、炸、烤、烘、焖，只要加一点糖，就能让食物更美味。

　　糖在我们的日常生活中占有非常重要的地位。一点点的糖，可以提升您的血糖浓度，可以让您心情愉快；一点点的糖，可以让食物增添风味，可以让食物的色泽更亮丽。

　　在书中，我们一起来探讨糖的由来，从甘蔗开始，到糖的形成，再用糖变化出 60 种不同形态的糖果。本书的内容编排方式：有很简单让烘焙新手可以快速上手的甜点，也有让已具基础的同学挑战的品种，让大家可以一起练习，由浅入深，轻松学习。

　　这次的拍摄特别感谢日本料理专家——林国钧老师，专程从日本寄了两大箱食器来赞助本书的拍摄，让书中的糖果在这些美丽食器的衬托下，显得更有质感、更动人。同时，感谢麦田金团队工作人员：小萍、郁展、柏动、玉雪参与本书拍摄工作，大家辛苦了！

　　新的一年，让我们一起进入多彩多姿的糖果世界，让我们一起成为糖果达人吧！

麦田金

作·者·介·绍

烘焙达人
——**麦田金老师**

长期关注市场动向的麦田金老师，常受邀研发、破解烘焙产品，更精益求精、每年不断进修研习，持续追求专业技能上的进步。陆续考取 11 张西点、蛋糕、面包、中式面食、米食，调酒，咖啡、饮料调制，中、西餐烹调，日本料理等专业证照，以及法国蓝带高级西点师证。

16 年的教学生涯里，迄今仍然年年带给学员惊喜、启发，也因为长期在烘焙材料行和农会家政班授课，对于一般烘焙爱好者的需求有更好的理解，常为学员想出以厨房常备器具取代专业烘焙器材的制作创意，总是在课堂中得到学员满满的掌声与支持。

学 历
法国蓝带厨艺学院高级西点班毕业
中国台湾中华谷类食品工业技术研究所学习
中国台湾静宜食品研究所学习
日本果子学校进修
美国惠尔通（Wilton）蛋糕装饰学校进修

现 职
担任多家烘焙机构的专业教师。

目录
Contents

Part 1
在煮糖之前

Special Column

Part 2
酥、脆、硬——硬糖系列

Part 3
香、软、绵——软糖系列

Part 4
香、Q、弹牙——凝胶类软糖

Part 5
浓郁香醇——巧克力系列

求新、求变、求知，
学无止境的麦田金

近几年牛轧糖风行，几乎和凤梨酥一样成为面包店必备伴手礼，种类跟花样之多，不胜枚举。麦田金老师对于糖果研发、制作很有兴趣，也愿意与好朋友分享学习所得。为了更深入地了解糖果的奥妙，更是前往美国惠尔通（Wilton）蛋糕装饰学校、日本果子学校、法国蓝带厨艺学院高级西点班等名校进修，甚至到静宜食品研究所做专业研究，这种好学求知的精神成就了她的理论与实务一致，研发的产品很有创意，每次推出都受到市场非常好的反馈。

麦老师一直希望把经验传授给更多的人，回馈社会。如今，她找到最流行，也是大家最希望拥有的一本书——糖果制作书《糖果研究室》。从糖果的起源、定义、分类开始，介绍糖果制作的相关知识，其中包括：糖和麦芽的种类，制作糖果的各种乳制品和坚果的特性及分类，各种凝胶材料的特性比较，以及新鲜蛋白及蛋白霜粉的特性比较，最后到各种糖类的热量和甜度的比较等。

本书从原料、工具介绍到制作技术及包装应用，内容非常广泛，共有四大类糖果、11个细项、60种产品，在各个细项中，我特别喜爱传统的冬瓜茶砖、挂霜腰果、酸梅棒棒糖、香脆花生糖和法式白巧克力蔓越莓米香、三色棉花糖、焦糖太妃牛奶糖、杏仁蔓越莓牛轧糖和不添加奶粉的意式经典咖啡核桃牛轧糖、法式柳橙软糖、葡萄QQ水果糖和覆盆子生巧克力。

作者花了很多时间收集、整理资料，希望本书成为糖果教学、糖果伴手礼制作及参与各种糖果研发、创意最好的工具书。

中国台湾中华谷类食品工业技术研究所所长　　施坤河

12 大烘焙教室
联合推荐

推荐1

在糖果教学中，麦田金老师明快活泼的教学，贴近学员需求的内容教学，让许多学员从此不再害怕"煮糖"这件事！在新的一年，麦田金继续抱着做给家人吃的理念源源不绝的创意和活力，她的课程广受学生好评。这是一本不能不收藏的糖果书，绝对值得您的拥有！

烘焙食材广场

推荐2

麦神所教的产品，总是让人吃在嘴里，甜在心里，专业技术毋庸置疑，班班爆满，魅力可见一斑。此书极尽精华，简单、好学、易上手。是大家必买的一本好书！

好学文创工坊——萧主任

推荐3

麦田金老师对烘焙有高度的热情，对此领域有着孜孜以求的深入研究和永不满足的探索精神，更远赴国外进修以提升自己的专业知识，在吸收新知识后再重新架构出属于自己的烘焙美味。这样的创意、活力、理念、魅力、毅力，无一不深受学员爱戴！这么优秀的老师这么优秀的一本书，能让人知其然，知其所以然，绝对是一本不可多得的经典好书！

陆光烘焙原料行——曾淑华

推荐4

秀丽甜美，魅力无限的麦田金老师，是全方位的点心教师，为能更精进及广泛地学习，远赴重洋至法国蓝带厨艺学校及美国惠尔通（Wilton）蛋糕装饰学校研修，将技巧与经验充分与读者分享交流，造福更多的糖果爱好者，丰富的内容足以让新手制糖过程中更快上手，并享受乐趣体会奥妙，衷心推荐，让此书成为大家的得力帮手。

永诚行厨艺教室——纪旭明、廖淑珍

推荐 5

玩烘焙，不仅能玩出高深的学问，也能创造出美感的艺术。在烘焙业老师的学习和经历很丰富，为人和善有爱心。就像在教我们雕琢精致的艺术品一般，她那充满热忱又不藏私的倾囊相授，总是让我们收获满满。更让人佩服的是：老师坚持使用最健康天然的食材，而且轻轻松松、信手拈来就能做出令人惊艳的作品，不只满足了大家的求知欲，更是视觉上的极致享受。

潘老师厨艺教室

推荐 6

犹记第一次邀约老师授课时，课程被安排在 3 个月后，当时心想老师怎么这么忙，一定是课上得非常好。当第一次上课时，看到活泼可爱的老师，上课过程不但没有冷场，更是无私地将自己所学的全数教授给学员。去年我们曾经上过老师的糖果课，课程内容明定 6 种，当天加码变成 8 种，让所有来上课的同学都收获满满，无论是知识的吸收还是成品的回馈，都让大家物超所值。这次老师的糖果工具书内容一样精彩可期，相信一定会让大家获得丰富的知识！

朵云烘焙教室

推荐 7

发现一瓶好水，令人心旷神怡；寻得一位好老师，令人茅塞顿开！记得麦田金老师初到墨菲烘焙教室授课时，细心的她帮学员准备了一整套的学习教材，让大家在学习路上更加顺畅轻松。这几年烘焙业蓬勃发展，个人微创业、家庭工作室、教室、材料行等，烘焙的触角早已深入各个角落。但资讯通透的时代，大家在学习上还是常常遇到挫折。如今麦田金老师出了新书，原汁原味呈现麦老师要传达的理念，相信绝对是烘焙人的福气。

墨菲烘焙教室

推荐 8

农历年是烘焙的旺季，更是糖果业的起跑点，此书展现了麦田金老师对糖果的热爱及敬业的态度，依我个人多年对糖果的认知及了解，此书从选材、制作、保存，到包装及销售，处处都是经典之作。借由这本书，可让喜爱糖果的朋友，真正感受到糖果的美味及制作的乐趣，进而将这份幸福的果实，分享到中国台湾，放眼全世界的每一个角落，都能品尝和拥有这一份爱的礼物，并且传承幸福的厨艺直到永远！

I Bakery 爱烘焙厨艺教室

推荐9

麦田金老师在烘焙时善于运用时令食材，同时更体贴一般主妇或业余烘焙爱好者，不盲目追求高档专业器具，而是灵活善用手边的器具，一样能做出美味的糖果点心。谁说煮糖一定要铜锅？其实简单的一把不粘锅，一样能顺利煮出美美的糖浆，就让麦老师来教你怎么做吧！

爱奶客烘焙教室

推荐10

糖果，是快乐时的奖励品，也是悲伤时的慰问品！在糖果制作过程中，有时心血来潮多加了一些食材，这点小小变化产生出的创意，就足以让自己高兴好久。本书中，麦田金老师采用了最容易取得的材料及最简单的制作方式，再加上精确的配方、详细的图片，大家都可以轻轻松松跟着做！希望糖果 DIY 成为风气，如果家中有小孩，建议带着他们一起动手，相信亲子间的感情会在制作过程中更加紧密融洽。

快乐妈妈烘焙食材屋——林欣仪

推荐11

时下烘焙教室林立，各有专长的烘焙老师如雨后春笋般涌现出来，但是能系统帮助学生准备教案的老师却少之又少，至少目前我只看到一个，那就是麦田金老师。一位能将自己所学无私地传授给大家，让每位学生都能在课程中轻松自在地学习的老师。在麦田金老师的无私分享下，相信这本糖果工具书也能成为大家日后学习的"圣经"！

Amber 手造烘焙学习所——倪淑敏

推荐12

认识老师的时候我还是个学生，现在我已是烘焙教室的负责人了。看到老师多年来对烘焙的热情不减，努力不懈，更远赴欧洲进修，只为了想给学员更多更好的烘焙知识和手法。不藏私的教学模式，只想把最好的给学生，现在出版糖果书就像是一本制糖宝典一样为大家解惑，相信读者绝对会获益良多！

36 号厨艺教室

Part

1

在煮糖之前

进入糖果世界之前，请先学习麦田金老师特别为读者书写的糖果知识，带您认识糖果原料、种类。学会做糖并没有那么的困难，但如果您能吸收更多的相关知识，那么除了照本宣科外，更能突破既定食谱，尝试做出自己喜爱的糖果风味。

糖果的小知识

糖果的定义

糖果泛指符合以下条件的食品:

一、砂糖加入水、水果或果汁等，经熬煮浓缩成的食品。
二、依据 CNS 分类: 包括砂糖、转化糖、葡萄糖、水饴和海藻糖等，或在添加
　　乳制品、油脂、水果或坚果、核仁、淀粉、面粉、蛋白、植物胶、着色剂或
　　膨胀剂等做原料，熬煮而成的饴状物，将之成形。
三、以白砂糖、淀粉糖、糖浆或其他允许使用的甜味剂为主原料制成固态或半固
　　态的甜味食品。

糖果的分类

　　熬煮糖浆时，依最终温度和含水率可决定糖的软硬度，以此可分成硬糖、软
糖、凝胶软糖三大类。

硬糖 含水率在 6% 以下，保存期限长，分为全粒式和夹心式。

全粒式: 指的是糖浆熬煮完成，调味后，直接入模成形。
夹心式: 指的是糖浆熬煮完成，调味后，入模时填入夹心。
　　　　　　填入的夹心又分为巧克力、糖浆膏、果汁粉和酥粉心。

软糖 含水率在 10% 以下，分为咀嚼式、全充气式和半充气式。

咀嚼式: 糖团成品较硬，需咀嚼后食用，不可直接吞食。
半充气式: 糖团比咀嚼式糖团软，但不可直接吞食。
全充气式: 糖团制作过程打入大量空气，成品较软，入口即化。

凝胶软糖 含水率较高，保存期限较短。

本书采用的 4 种食材为凝胶，用来凝固糖浆，使糖团定型。

洋菜：是从海藻类植物中提取的胶质。口感比其他常作为凝结用途的食品加
　　　工材料脆。

果胶：果胶是从柑橘的果皮萃取出来，呈淡黄色或白色的粉末状物，具有凝
　　　胶、增稠的作用。是一种天然的食物添加剂。

明胶：又称鱼胶或吉利丁片，是从动物的骨头提炼出来的胶质，主要成分是
　　　蛋白质。是胶原蛋白的一种不可逆的水解形式，归类为食品。

淀粉：从食物的块茎中提炼出来的，淀粉在温水中溶解会产生糊精，可以用
　　　作糖浆的增稠剂。

表格简述

	类别	制程	口味
熬煮糖浆依最终温度和含水率决定软硬度	硬糖 含水率6%以下	全粒式	杨桃糖、凤梨糖、炼乳糖、白脱糖、可乐糖
		夹心式	1. 巧克力：情人糖
			2. 糖浆膏：陈皮梅夹心糖、枇杷糖、茶糖
			3. 果汁粉：秀逗糖、柠檬夹心糖、沙士糖
			4. 酥粉心：花生酥糖
	软糖 含水率10%以下	咀嚼式	瑞士糖、牛奶糖
		全充气式	棉花糖
		半充气式	牛奶糖、知心软糖、太妃糖、牛轧糖
	凝胶软糖 含水率13%～25%	洋菜软糖	叠层软糖、夹心球软糖、雷根豆软糖
		果胶软糖	法式水果汁软糖
		明胶软糖	甘贝熊软糖、ＱＱ糖
		淀粉软糖	枣泥核桃糖、龙潭花生糖、新港饴、猪脚贡糖
	巧克力		淋式、片式、夹心、酱状、膏状

蔗糖的由来

糖的原料是甘蔗，据传甘蔗原产地是新几内亚，约在公元前 3 世纪时由东南亚和东印度传入中国南部。蔗糖的发源地是古印度，当时印度制蔗糖的方法是将甘蔗榨出甘蔗汁晒成糖浆，再用火熬煮成糖块。

在中国汉代所称的"石蜜""西极石蜜""西国石蜜"指的就是"蔗糖"。在明朝已能生产出品质良好的糖，并开始将中国白糖出口到日本、印度和南洋群岛。明朝后期，每年出口的蔗糖之多，是继茶叶和丝绸之后的第三大宗重要的出口货物。

今日蔗糖的原料主要是甘蔗和甜菜。将甘蔗或甜菜用机器压碎榨出糖汁，过滤后除去杂质，再用二氧化硫漂白；将经过处理的糖汁煮沸，抽去沉底的杂质，刮去浮到面上的泡沫，然后熄火待糖浆结晶成为蔗糖。

以蔗糖为主要成分的食用糖，根据纯度由高到低又分为冰糖（纯度99.9%）、白砂糖（99.7%）、绵白糖（97.9%）和赤砂糖（也称红糖或黑糖）（89%）。

蔗糖的区别

蔗糖可依色泽深浅，大致区分为以下 3 种。

白糖　压榨蔗汁或原料糖浆经过过滤、脱色处理，再经过结晶、分蜜、干燥而成为砂糖。市售商品糖，称为特号砂糖。

白糖又可分为以下几种：

细砂糖　　糖浆经过 1 次结晶产生的糖。

特级砂糖　糖浆经过 2 次以上结晶产生的糖。

糖粉　　　砂糖研磨成粉。

冰糖　　　白糖经过溶解，再经结晶而成的大块状的糖。

方糖　　　将砂糖挤压成方形。

黄糖 榨出来的甘蔗汁或原料糖浆经过清净过滤处理，再经过结晶、分蜜、干燥而成砂糖，色泽为黄色，通常作为精炼糖的原料糖。

红糖

色泽比黄糖深，颗粒比黄糖细。将蔗汁放入大锅内熬煮结晶，然后捣碎成粒状砂糖。这种糖，含有甘蔗汁的全部营养素及矿物质，不过也残留许多甘蔗的碎屑、纤维等杂质。

糖的原料

以下使用表格形式，让大家可以更快速清楚地知道糖的原料和食糖制品。由表格可见，砂糖是最天然的食用糖。

制造原料	糖类名称
甘蔗	蔗糖、各种砂糖
砂糖	转化糖浆
淀粉糖：脱水葡萄糖聚合物	葡萄糖、高果糖浆、果糖
淀粉糖混合物	麦芽饴（水饴、玉米糖浆）
牛奶	乳糖
纤维素	木糖
砂糖、淀粉糖	海藻糖、海藻酮糖
蜂蜜、枫糖	蜂蜜、枫糖、椰子糖

糖类的热量

（以每100克为单位）

品名	热量（大卡）	蛋白质（克）	脂肪（克）	饱和脂肪（克）	反式脂肪（克）	碳水化合物（克）	钠（毫克）
砂糖	387	0	0	0	0	99.5	0
海藻糖	360	0	0	0	0	90	0
葡萄糖浆	335	0	0	0	0	91	0
麦芽糖	320	0	0	0	0	80	0

由这个比较表可以看出，砂糖的热量最高，麦芽糖的热量最低。

糖类甜度比较

品名	% Brix
果糖	173
砂糖	100
葡萄糖粉	74
葡萄糖浆	60
海藻糖	45
麦芽糖	32
玉米糖浆	30
乳糖	16

由这个表格中可以看到，若砂糖的甜度为 100 的话：

1. 果糖是最甜的糖：甜度 173
2. 海藻糖的甜度：45
3. 麦芽糖的甜度：32
4. 最不甜的糖是乳糖：16

糖的选用

糖类（碳水化合物）：　分为单糖、双糖（寡糖）、多糖。做糖果常用的糖为双糖。读者可由以下资讯和表格了解糖的选用。

葡萄糖——单糖

　　葡萄糖浆是淀粉液经水解后所产生的单糖、双糖或多糖混合液，因此可以使用任何种类的淀粉；最常用的是小麦、木薯、玉米和马铃薯的淀粉。

蔗糖——双糖

　　蔗糖的原料主要是甘蔗和甜菜。将甘蔗或甜菜用机器压碎榨糖汁，过滤后除去杂质，再用二氧化硫漂白；将经过处理的糖汁煮沸，抽去沉底的杂质，刮去浮到面上的泡沫，然后熄火待糖浆结晶成为蔗糖。

　　白砂糖是食糖中质量最好的一种。颗粒为结晶状，均匀，颜色洁白，甜味纯正，甜度稍低于红糖。白砂糖和绵白糖只是结晶体大小不同，白砂糖的结晶颗粒大，含水分较少，而绵白糖的结晶颗粒小，含水分较多。

麦芽糖——双糖

　　麦芽糖属于双糖，白色针状结晶，易溶于水，而非常见金黄色且未结晶的糖膏，甜味比蔗糖弱。与酵母发酵变为酒精，和稀硫酸加热，则可变为葡萄糖。麦芽糖则是烹调时加入了蔗糖，才由白色变为金黄，可增其色香味。糖果制作一般选用透明麦芽 86%（Brix），易于熬煮糖浆，展现食材的原始色泽。

海藻糖——多糖

海藻糖，具有以下的特性：

与其他大多数增甜剂混合，海藻糖可在糖果特别是果汁饮料中使用，以调节产品甜度，从而能真正保持产品的原有风味。海藻糖适用于用配方配制益齿产品。海藻糖很稳定，使用在糖工艺及加工产品中不被水解，能用作糖果的外层而形成一种稳定的非吸湿性保护层。由于工艺的稳定性，能在长期高温下进行而不用担心水解和色变。海藻糖特有的溶解特性能真正使它们本身滚动形成保护层，这层覆盖物极稳定、坚固，从而改善其他大多数增甜剂相对的白色层面。

单糖	五碳糖	阿拉伯糖	调节血糖的专用特殊保健食品添加剂
	六碳糖	葡萄糖	生理上最重要的糖
		果糖	来自水果及蜂蜜，最甜的糖
		半乳糖	身体自行制造
		甘露糖	代糖原料
双糖		蔗糖	主原料甘蔗及甜菜
		麦芽糖	淀粉水解成葡萄糖的产物
		乳糖	甜度最低的糖
多糖	可消化	淀粉糖	海藻糖：可形成一种稳定的非吸湿性保护层
		糊精	淀粉水解产生

备注：本书部分数据引用自卫生福利部食品药物管理署——中国台湾地区食品营养成分资料库。

糖浆温度与状态

此图表只适用于正常状态下，选用砂糖熬煮糖浆时的参考。若是使用含水率较低的淀粉糖熬煮糖浆，则不适用这个温度表。

由图表中可发现，糖浆在熬煮的过程中，不同的温度点会产生不同的变化。随着温度的上升，糖浆内的水分变少，温度熬煮愈高，糖浆愈硬。

★请注意：糖浆温度要随天气温度调整，夏天糖浆温度要煮得稍微高一点，糖果比较不易变形。

糖浆温度（℃）	含水率	适用产品	糖浆冷却后状态
105	约30%	洋菜软糖	凝固
110.5	约18%	羊羹	凝固
111～111.5	17%～16%	明胶软糖	羽毛丝状
113～115	15%～13%	糖霜	软球状
115～118	13%～10%	福祺糖	球状
120～130	10%～5%	牛奶糖	稍硬球状
130～132	5%～4.5%	瑞士糖	硬球状
135～138	4.5%～4%	牛轧糖	脆裂状
138～154	3%～0	硬糖拉糖	硬裂状
160～180	0	焦糖	融化金黄黑褐色

凝胶特性

选用不同的凝胶所制成的产品，凝固时间不同，质地口感也不一样。可依据您想要让产品呈现出什么样的口感，来选用不同的凝胶。

产品名称	洋菜软糖	明胶软糖	果胶软糖	淀粉软糖
口感	硬脆性软糖	Q弹性软糖	柔软性软糖	软黏性软糖
添加比率	1% ~ 2%	9% ~ 12%	1% ~ 2%	10% ~ 20%
加酸比率	0.2% ~ 0.3%	0.2% ~ 0.3%	0.4% ~ 0.7%	0.2% ~ 0.4%
冷凝温度（℃）	35 ~ 37	15 ~ 20	70 ~ 80	20 ~ 40
凝固时间（小时）	12 ~ 24	12 ~ 24	6 ~ 12	12 ~ 36
产品质地	脆、裂纹光滑	有弹性不易拉断	口感酸	较黏、不易断

新鲜蛋白&蛋白霜粉

蛋白霜粉是从大豆中提炼出来的大豆蛋白，或是从新鲜蛋白精炼而成的蛋白，或取乳清蛋白，或是用上述这几种蛋白所组合成的一种粉剂，蛋白霜粉使用方便，无大肠杆菌的问题，也无蛋白的成分。选用时，请依各家厂商包装袋上的标示，在蛋白粉中加入冷水还原。

品项	固形物（%）	水分（%）	蛋白质（%）	脂肪（%）	碳水化合物
蛋白	12.5	87.5	10.8	微量	0.8
蛋白霜粉	100	0	5.7	0	86.9

乳制品

牛乳：俗称牛奶，是最古老的天然饮料之一，是烘焙工业及糖果工业最重要的营养来源。最好的奶粉制作方法是美国人帕西于1877年发明的喷雾干燥法。这种方法是先将牛奶真空浓缩剩1/4，成为浓缩乳，然后以雾状喷到有热空气的干燥室里，脱水后制成粉，再快速冷却过筛，再包装为奶粉。乳制品依加工方式的不同，会制造出不同的产品。列表说明如下：

原料	加工方式		制成产品
牛乳	加热杀菌		饮用牛奶、调味奶
	浓缩加工		蒸发奶
	喷雾干燥		全脂奶粉、加糖奶粉、调味粉
	均质真空浓缩		无糖炼乳、加糖炼乳
	分离	乳脂 Cream	1. 杀菌→打发淡奶油、咖啡伴侣鲜奶油
			2. 乳酸菌凝乳→奶油奶酪
		奶油 Butter	3. 加热→急速冷却→搅拌→乳脂分离→调制→熟成
		脱脂 Defat	4. 浓缩→脱脂炼乳
			5. 喷雾干燥→脱脂奶粉
			6. 加酸或凝乳→凝乳分离发酵→奶酪、乳清、乳糖
			7. 加乳酸菌→发酵→酸奶、优格、优酪乳、乳酸饮料

乳制品的热量

（以每100克为单位）

品名	热量（卡）	蛋白质（克）	脂肪（克）	饱和脂肪（克）	反式脂肪（克）	碳水化合物（克）	钠（毫克）	钙（毫克）
鲜奶	63	2.9	3.3	1.8	0	4.8	50	100
脱脂牛奶	359	34	1	0.4	0	53.3	570	100
全脂奶粉	500	3.0	25.5	26.2	0	39.3	430	890
脱脂奶粉	359	3.8	37	0.8	0	50.5	530	1300
奶精粉	528	3.1	5	30	0	59.5	310	110
无盐黄油	743	0.7	82	60	1.34	0.5	10	15
无水黄油	890	0.1	0.7	96.7	0	0.2	900	18
白油	921	0	100	0	0	0	35	0
大豆色拉油	825	0	91.7	14.8	0	0	0	65.5（维生素E）

★油脂可使用：黄油、无水黄油、色拉油、花生油、棕榈油、葵花子油、芥花油、椰子油、橄榄油。

坚果的热量

从下列表格可以清楚地分析：

1. 热量最高的坚果是：夏威夷豆。
2. 蛋白质含量最高的是：花生。
3. 黑芝麻是最有益处的坚果：有丰富的膳食纤维和非常多的钙质。

品名	热量（卡）	蛋白质（克）	脂肪（克）	碳水化合物（克）	膳食纤维（克）	钠（毫克）	钙（毫克）
花生仁	516.4	23.6	38.1	28.4	7.9	12.6	91.3
杏仁粒果	587.8	21.9	49.8	23.2	9.8	0.9	252.7
夏威夷豆	699.8	7.4	71.6	18.2	6.2	1.4	57.8
核桃仁	667.1	15.3	67.9	11.1	6.1	4.5	98.6
腰果	566.0	16.3	43.7	35.1	4.9	9.9	37.7
胡桃	562	35	4.5	22.5	5.4	0	40
南瓜子	603	28.3	47.1	17.6	5.2	370	40
黑芝麻	599	17.26	54.43	20.63	13.97	1.92	1478
白芝麻	625	20.28	58.69	15.71	10.71	24.45	76.14
松子	692	14.9	62.4	19	4	2	15
葵花子	586	21.9	51.8	18.6	8.3	1.3	89.9
开心果	600.7	22.3	52.7	20.0	13.5	462.3	106.5
榛果	671.6	12.9	66.4	17.2	7.9	0.9	182.0
红枣	227.4	3.1	0.3	59.5	7.6	9.6	49.7
桂圆	277.1	5.0	0.6	70.6	2.8	4.8	48.8

基本器具

不锈钢盆

可盛装食材，用来打发蛋白以及食材拌匀，也能放进烤箱烤热食材。

单柄不粘锅

煮糖浆不是一定要用铜锅，建议可选用材质厚一点的不粘锅，煮糖浆时不易粘锅不易烧焦。

温度计

可使用酒精温度计或电子温度计，是制糖时用来测量糖浆温度的必备器具。酒精温度计购买时注意测量范围，不用时要放在盒中，避免摔到断裂，一断裂就不能用了。

手持打蛋器

用来混合液体、黄油、面糊的用具。

小瓦斯炉

煮糖时用小瓦斯炉有场地的机动性。煮糖浆用中火，用小型瓦斯炉煮糖浆，旋钮请调整在 7 点钟方向；若用家庭传统瓦斯炉旋钮请调整在10 点钟方向。

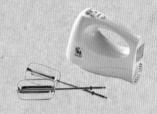

手提电动搅拌机

手提电动搅拌机的价格经济实惠，比手持打蛋器省力许多，可用来搅打少量的材料。

桌上型电动搅拌机

比起手提电动搅拌机来说，桌上型电动搅拌机功率大，可用来搅打量多的材料，若制作的糖量多，可购买使用。

耐热刮刀

橡皮刮刀都有耐热范围，选购耐热200℃的才安全，外形以一体成形较易清洗，也不易变形。

饭匙

请选购材质厚实不易断裂的饭匙，拌匀食材或压糖塑形时非常方便。

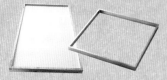

糖盘

用来盛装拌和完成的糖团，在糖盘上整压、定型、裁切。

切糖刀、菜刀

切糖刀的设计可让切糖省力，但用菜刀其实也能切，都适用于切酥糖。

刮板

用来刮取缸盆上的面糊或糖浆，还能用来切牛轧糖，不易粘黏。

擀面杖

擀平糖团时使用。

电子秤

制糖讲究材料的精准性，建议电子秤测量较正确。

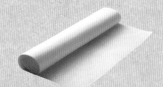

防粘纸

铺在烤盘上以防糖团粘黏，无法重复使用。

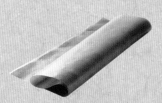

防粘布

铺在烤盘上以防糖团粘黏，亦可用来揉和糖团，可重复使用，易破损，使用需小心。

矽胶垫

硅利康材质，比防粘布厚，不易破损。

网筛

用来过筛面粉、糖粉，可过滤杂质。

巧克力工具组

制作巧克力的工具组。

各式模型

矽胶模、巧克力模、硬糖模……

烤盘油

喷雾式的食用油脂，模型在使用前可喷上薄薄一层烤盘油，会有保护模型和方便脱模的优点。

材料识别

细砂糖

冰糖

黄糖

红糖

海藻糖
（海藻糖的甜度为
砂糖甜度的 60%~70%）

86% Brix 透明麦芽饴

透明麦芽饴在日本被称为水
饴，它其实是一种复杂的淀
粉糖混合物，制作糖果建议
使用 86% Brix。

麦芽糖

葡萄糖浆

西点转化糖浆

蜂蜜

枫糖浆

香草荚

天然食用色素

吉利丁片

香葱饼干

奇福饼干

柠檬酸

盐之花海盐

腰果

杏仁豆

杏仁片

杏仁条	杏仁角	南瓜子	葵花子	无盐黄油
花生	松子	美国大胡桃	夏威夷豆	有盐黄油
杏仁小鱼干	榛果	核桃	开心果	动物淡奶油
玉米脆片	蔓越莓	综合水果蜜饯	米香	香草粉
樱花虾	香松	薄荷糖浆	白巧克力	牛奶巧克力
黑巧克力	蛋白霜粉	法国进口冷冻果泥	伯爵红茶粉	奶粉

香草糖 DIY

材料

细砂糖	1000g
香草荚	3 支

做法

取密封盒，放入细砂糖和香草荚，用糖盖住香草荚，静置一个月即可。香草糖完成后，香草荚可重复使用，取出再放入下一盒砂糖。

温度计的清洗

做法

开始煮糖前，请先准备一个水杯，放 8 分满的水。当温度计从糖浆中取出，马上放入水杯中，水杯中的水会让温度计上沾的糖浆变软溶化，以方便清洗。

三角纸袋的折法

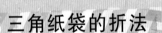

1 防粘纸均等对折，如图示。

2 裁开成两张。

3 卷成圆锥形。

4 边角拉齐。

5 折进袋内。

6 立在量杯内，方便灌进糖浆。

糖果的包装

包装对产品非常重要，保护产品不受污染，延长保存期限，提高商品价值。

硬糖类、牛轧糖

将糖果纸平放，摆上切好的糖果，将纸张卷起后两头扭紧即可。

酥糖类

酥糖放凉后装入塑封袋，用热封机封口。

巧克力包装

使用铝箔材质的包装纸，直接包裹巧克力即可。

凝胶类、淀粉类软糖、牛轧糖

将玻璃纸平放在桌面上对齐底下，中间放上一张糯米纸，放上切好的糖果，将纸张卷起，两头扭紧即可。

坚果类包装

请使用透湿性低的密封容器，里面请放干燥剂。

棉花糖类

剪好的棉花糖放入塑封袋中，里面放一个干燥剂，用热封机封口。

Part

2

酥、脆、硬——硬糖系列

硬糖的含水率在 6% 以下，保存期限长。首先，从基础的麦芽饼干开始，进入水 + 糖创造的挂霜技法，再加进一点坚果或谷物，变成酥脆的口感。一起见识"糖"的无穷变化吧！

麦芽饼干

这是道利用黄麦芽直接组合的简单点心，只要有麦芽和饼干就可以做，也可更换饼干体变化口味。

材料

奇福饼干	60 片
麦芽糖	600g

麦芽梅香饼干

撒上梅子粉就能做成梅子风味的麦芽饼干。

做法

1 将整罐麦芽糖放在温水锅内，隔水加热，至麦芽糖变软。

2 用小耐热刮刀捞约 10g 的麦芽糖，抹在奇福饼干上。

3 盖上另一片奇福饼干夹起。

4 放凉，待麦芽糖凝固，装罐，放入一包干燥剂保存即可。

①

②

③

④

冬瓜茶砖

分次少量拌煮冬瓜丁和糖比较好煮，如果一次把全部的冬瓜和糖入锅煮，拌煮较为吃力。若想节省熬煮时间，可取一半冬瓜先打成泥。

材 料

冬瓜丁	1200g
黄糖	700g
冰糖	100g
红糖	120g

做 法

1 取一个锅，上炉，先加入适量冬瓜丁和黄糖拌炒。

2 拌煮到黄糖融化、冬瓜丁出水。

3 重复上述做法，分次加入适量冬瓜丁和黄糖，炒匀至出水。

4 待全部的冬瓜丁和黄糖炒完后，加入冰糖熬煮均匀。

5 煮至125℃熄火，加入红糖拌匀，让红糖完全融化。

6 倒入容器中抹平，待冷却定型，取出切块，装罐密封即可。

TIPS

在冬瓜上市的季节，自己制作冬瓜茶砖，让冬瓜用另一种形态保存下来。饮用时煮一锅热水，放入茶砖煮融即可。

凤梨茶砖

凤梨依品种不同，甜度也略有高低，糖量可依个人喜好增减。做好的凤梨茶砖也能搭配茶包，当成水果茶基底材料使用。

材 料

凤梨	1200g
黄糖	800g
红糖	150g

做 法

1 凤梨取一部分切小丁，其余用料理机打成果泥。

2 取一个锅，开火，第一次加入凤梨丁和适量黄糖。

3 拌煮至黄糖融化、凤梨丁出水，再分次加入适量凤梨果泥和黄糖。

4 每次都要将凤梨泥和黄糖炒匀至出水，再加下一次，待全部的凤梨和糖炒完，开始熬煮。

5 煮至 125℃，熄火，加入红糖。

6 搅拌至红糖融匀。

7 倒入硅胶模型中抹平，待冷却定型，取出茶砖，装罐密封即可。

制作分量—约 400 克

最佳赏味—密封室温 30 天

挂霜腰果

制作挂霜的坚果一定要先烤熟，如果家中没有烤箱，也可用干锅以小火炒至坚果呈金黄色。

材料

腰果	300g
香草砂糖	150g
水	45g
盐之花海盐	适量

TIPS

自制糖果在包装或封罐时，最好可以放进一包干燥剂，可以避免潮湿，尽量让产品保持干燥，维持酥脆口感。

做法

1 烤箱预热至 100℃，放入腰果，烘烤 40 ~ 50 分钟至熟。

2 香草砂糖和水放入锅中混合，煮到 121℃。

3 倒入烤熟的腰果，用耐热刮刀快速旋转拌炒。

4 炒至水分收干，熄火，撒上一点盐之花海盐，拌匀。

5 快速倒在防粘纸上摊开、放凉（若粘在一起可于稍微冷却后再掰开），冷却后装罐，放入一包干燥剂密封即可。

制作分量—约 300 克
最佳赏味—密封室温 30 天

挂霜花生豆

使用黄糖和红糖，可以让挂霜的颜色比较深，风味和香气也与单纯使用白糖不同。

材料

带皮花生	300g
黄糖	140g
红糖	30g
水	50g
盐	适量

做法

1 烤箱预热至 100℃，放入带皮花生，烘烤 50 ~ 60 分钟至烤熟。

2 黄糖、红糖及水放入锅中混合，煮到 121℃。

3 倒入烤熟的带皮花生，用耐热刮刀快速旋转拌炒。

4 炒至水分收干，熄火，撒上一点盐，拌匀。

5 快速倒在防粘纸上摊开、放凉（若粘在一起可于稍微冷却后再掰开），冷却后装罐，放入一包干燥剂密封即可。

挂霜香草火山豆

各式各样的风味粉可以快速、直接改变糖果风味，例如：海苔粉、各式香草粉等，可以尝试撒入这些天然香料粉来增加口味变化。

制作分量—约 450 克

最佳赏味—密封室温 30 天

材料

夏威夷火山豆	300g
细砂糖	130g
水	40g
香草豆荚	1/2 根
盐之花海盐	适量

做法

1 烤箱预热至 150℃，放入夏威夷火山豆，烘烤 30 ~ 40 分钟至烤熟。

2 香草豆荚用刀划开，刮出香草子。

3 将香草子、细砂糖及水一起放入锅中。

4 再混合煮到 121℃。

5 加入烤熟的夏威夷火山豆。

6 用耐热刮刀快速旋转拌炒至水分收干。

7 熄火，撒上少许盐之花海盐，拌匀。

8 快速倒在防粘纸上摊开、放凉（若粘在一起可于稍微冷却后再掰开），冷却后装罐，放入一包干燥剂密封即可。

挂霜椒盐火山豆

在挂好霜的火山豆上再撒上白胡椒盐和匈牙利红椒粉，变成甜咸口味的火山豆，别有一番风味！

黄金糖

这是款基础硬糖，多数硬糖皆以此为基础，再加入其他色素和香料，就能变成各种色彩、口味不同的糖果。

制作分量—约 450 克
最佳赏味—密封室温 30 天

材 料

细砂糖	350g	天然食用黄色色素	1 小滴
水饴（86% Brix）	200g	柠檬香精	1 小滴
水	200g		

做 法

1 细砂糖、水饴及水混合。

2 上炉煮到 120℃。

3 加入 1 小滴食用黄色色素。

4 继续煮到 160℃，熄火，加入柠檬香精，拌匀。

5 将糖浆灌入模型中，静置。

6 待糖浆冷却定型，脱模即可。

制作分量—10 支

最佳赏味—室温 30 天

酸梅棒棒糖

市售酸梅棒棒糖因为加入色素，颜色比较讨喜，材料中的食用色素亦可删除。做法 3 让糖浆降温，可避免糖浆流动性太高，淋在烘焙纸上太稀。

材 料

麦芽糖	100g	食用黄色色素	1 小滴
黄糖	200g	酸梅	10 颗
水	80g		

做 法

1 桌面先铺上一张烘焙纸。

2 麦芽糖、黄糖、水混合，上炉煮到 155℃，加入 1 小滴食用黄色色素，拌匀熄火。

3 将煮糖锅放入冷水锅中，隔冷水把糖浆降温到 100℃。

4 用汤匙将糖浆淋在烘焙纸上，摆一颗酸梅，再放上一支小棒子。

5 酸梅上面再淋一点糖浆。

6 静置冷却至定型，一一包装即可。

37

咖啡糖

材料中的浓缩咖啡精可省略。除了用滤茶袋泡咖啡，家中如果有意式咖啡机，也可亲自煮浓缩咖啡使用，这样风味会更浓郁。

制作分量—约 600 克

最佳赏味—密封室温 30 天

材料

细砂糖	350g
水饴（86% Brix）	200g
水	200g
热水	100g
咖啡豆	25g
浓缩咖啡精	1/4 小匙

做法

1 咖啡豆用磨豆机磨成粉，装入滤茶袋。

2 研磨咖啡粉茶袋放入杯中，倒入热水，浸泡 3 分钟，取出茶袋沥干，取咖啡液。

3 细砂糖、水、咖啡液、水饴混合，上炉煮到 120℃，加入浓缩咖啡精。

4 继续煮到 155℃。

5 熄火，将煮糖锅放入冷水锅中，隔冷水把糖浆降温到 100℃。

6 将糖浆灌入模型中，待冷却定型后脱模即可。

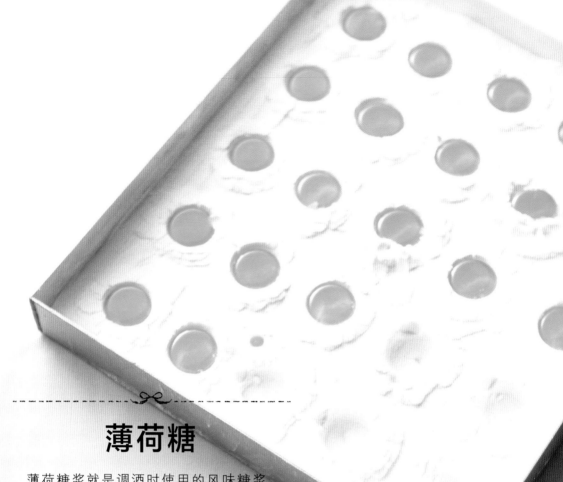

薄荷糖

薄荷糖浆就是调酒时使用的风味糖浆。
也可举一反三，将薄荷糖浆替换成其他
风味糖浆，就能变化出另一种糖果。

材 料

细砂糖	400g
水饴（86% Brix）	200g
水	180g
薄荷糖浆	60g
玉米淀粉	适量

做 法

1 烤箱预热至 100℃，放入玉米淀粉，烤 10 分钟，放凉，在烤盘上铺平，用擀面杖的圆头压出一个一个圆形。

2 细砂糖、水、水饴混合，上炉。

3 煮到 155℃，熄火，加入薄荷糖浆。

4 迅速将糖浆拌匀。

5 用汤匙舀在做法 1 玉米淀粉圆洞内，放凉至定型，将糖果蘸裹少许熟玉米淀粉，再把多余的粉筛掉即可。

香脆花生糖

在糖浆中加入油脂要持续搅拌，油的用意在让糖浆口感香脆不粘牙。除了使用花生油之外，也可更换成色拉油、葵花子油或者白芝麻油等。

制作分量—约 750 克

最佳赏味—室温 14 天

材料

带皮花生	600g	水饴（86% Brix）	115g
熟白芝麻	30g	水	115g
黄糖	180g	花生油	25g
红糖	60g		
盐	5g		

做法

1 烤箱预热至100℃，放入带皮花生，烘烤50～60分钟至熟，使用前继续放在烤箱中以100℃保温。

2 黄糖、红糖、盐、水饴、水全部放入锅中。

3 上炉煮到110℃。倒入色拉油，搅拌均匀。

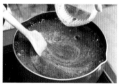

4 继续煮到145℃，熄火。

5 分3次将煮好的糖浆倒入做法1的烤熟带皮花生中，趁热拌匀。

6 再撒入熟白芝麻，拌匀。

7 方盘铺防粘纸，倒入花生糖轻压成形。

8 表面盖上防粘纸用擀面杖擀平、整形。

9 趁热切成块状。

10 一块块分开静置，冷却后包装即可。

杏仁片酥糖

制作酥糖时的坚果和糖浆结合前，一定
要放在烤箱中保温，否则糖浆倒入后降
温太快，还没拌匀前糖浆就会凝固了。

材料

杏仁片	600g	水饴（ 86% Brix ）	150g
熟白芝麻	30g	水	150g
细砂糖	300g	色拉油	25g
盐	5g		

做法

1 烤箱预热至 100℃，放入杏仁片，烘烤 25 分钟至熟、上色，使用前继续放在烤箱中以 100℃保温。

2 细砂糖、盐、水饴、水全部放入锅中，上炉煮到 110℃。倒入色拉油，拌匀，继续煮到 145℃，熄火。

3 取出烤熟杏仁片，加入熟白芝麻拌匀。

4 分次将煮好的糖浆倒入做法 3 中，趁热拌匀。

5 方盘铺防粘纸，倒入杏仁糖，轻压成形，表面盖上防粘纸用擀面杖擀平、整形。

6 趁热切成块状。

7 一块块分开静置，冷却后包装即可。

南瓜子和葵花子酥糖

葵花子油和色拉油的作用一样，可让糖浆
口感香脆不粘牙，如果没有葵花子油也可
用其他油脂替代。

制作分量—约 850 克

最佳赏味—室温 14 天

材料

南瓜子	500g	盐	5g
葵花子	200g	水饴（86% Brix）	130g
熟白芝麻	20g	水	130g
细砂糖	265g	葵花子油	20g

做 法

1 烤箱预热至 100℃，放入南瓜子和葵花子，烘烤 30 分钟至熟、南瓜子膨胀有香气，使用前继续放在烤箱中以 100℃保温。

2 细砂糖、盐、水饴、水全部放入锅中，上炉煮到 110℃。倒入葵花子油，拌匀，继续煮到 145℃，熄火。

3 取出烤熟的南瓜子和葵花子，加入熟白芝麻拌匀。

4 分次将煮好的糖浆倒入做法 3 中，趁热拌匀。

5 方盘铺防粘纸，倒入南瓜子和葵花子酥糖，轻压成形。

6 表面盖上防粘纸，用擀面杖擀平、整形。

7 趁热切成块状，一块块分开静置，冷却后包装即可。

双色芝麻酥糖

酥糖可切成喜爱的大小，但注意动作
一定要快，否则糖浆硬了就很难切分。
分装时一定要等完全冷却，避免蒸汽使
酥糖反潮、回软。

制作分量—约 700 克

最佳赏味—室温 30 天

材 料

黑芝麻	250g	水饴（86% Brix）	150g
白芝麻	400g	水	150g
细砂糖	200g	白芝麻油	25g
盐	7g		

做 法

1 烤箱预热至 100℃，放入黑芝麻和白芝麻混匀，烘烤 20 分钟至熟，使用前继续放在烤箱中以 100℃保温。

2 细砂糖、盐、水饴、水全部放入锅中，上炉煮到 110℃。倒入白芝麻油，拌匀。

3 继续煮到 145℃，熄火。

4 分次将煮好的糖浆倒入熟的黑、白芝麻中，趁热拌匀。

5 方盘铺防粘纸，倒入芝麻糖，轻压成形。

6 表面盖上防粘纸用擀面杖擀平、整形。

7 趁热切成块状。

8 一块块分开静置，冷却后包装即可。

日式地瓜片酥糖

地瓜片炸熟后要把油脂滴干再拌糖浆，
口感才会清爽。也可把地瓜换成芋头，
做成芋头片酥糖，一样美味。

制作分量—约850克

最佳赏味—油炸类食品，
请尽快食用完毕。

材料

地瓜	适量	盐	7g
（炸熟后取600g地瓜酥片）		水饴（86% Brix）	150g
熟白芝麻	35g	水	150g
细砂糖	180g	色拉油	20g
黄糖	115g	甘梅粉	适量

做法

1 地瓜去皮，用削皮刀削成薄片。

2 放入190℃的油中炸至酥脆。

3 沥干油脂，放入100℃的烤箱保温。

4 细砂糖、黄糖、盐、水饴、水全部放入锅中；上炉煮到110℃。

5 倒入色拉油，拌匀，继续煮到145℃，熄火。

6 分次将煮好的糖浆倒入地瓜酥片中，趁热拌匀。

7 撒入熟白芝麻拌匀。

8 方盘铺防粘纸，趁热整形成小团状，表面撒上甘梅粉，冷却后包装即可。

综合什锦米香

米香容易受湿度影响而软化，冷却后一定要马上包装，袋口需密封并放入干燥剂，以保持米香脆度。

制作分量—约 1000 克

最佳赏味—室温 14 天

材料

A

米香	500g
油葱酥	30g
熟花生片	60g
玉米片	60g
蔓越莓	60g
熟南瓜子	60g

B

细砂糖	280g
盐	8g
水饴（86% Brix）	165g
水	165g
色拉油	30g

做法

1 材料 A 混合拌匀，放入 100℃的烤箱中保温。

2 细砂糖、盐、水饴、水全部放入锅中，上炉煮到 110℃，倒入色拉油，拌匀。

3 继续煮到 135℃，熄火。

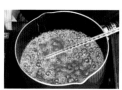

4 分次将煮好的糖浆倒入做法 1 材料 A 中，趁热拌匀。

5 方盘铺防粘纸，倒入什锦米香，压紧。

6 表面盖上防粘纸用擀面杖擀平、整形。
P.S.：不要压太紧，口感才不会太扎实。

7 趁微温时切成块状。

8 一块块分开静置，冷却后包装即可。

日式樱花虾
香松米果

樱花虾使用前，一定要烤过或以干锅炒过才会香。香松有很多种口味，使用不同的香松来拌米香，就会产生出不同的风味香气。

制作分量—约 600 克

最佳赏味—室温 14 天

材料

A

米香	300g
樱花虾	50g
香松	50g

B

细砂糖	200g
盐	3g
水饴（86% Brix）	100g
水	90g
味啉	10g
色拉油	20g

做法

1 米香和樱花虾混合拌匀，放入 80℃的烤箱中保温。

2 细砂糖、盐、水饴、水和味啉全部放入锅中。

3 上炉煮到 110℃，倒入色拉油，拌匀，继续煮到 130℃，熄火。

4 分次将煮好的糖浆倒入做法 1 材料中，趁热拌匀。

5 撒入香松拌匀。

6 方盘铺防粘纸，倒入樱花虾香松米香，压平。

7 表面盖上防粘纸用擀面杖擀平、整形。
P.S.: 不要压太紧，口感才不会太扎实。

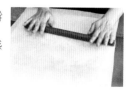

8 趁微温时切成块状，一块块分开静置，冷却后包装即可。

法式白巧克力
蔓越莓米香

融化的白巧克力不像糖浆那么快凝固，
所以这里使用的米香不需放入烤箱保
温。可把白巧克力换成黑巧克力，果
干也能替换成葡萄干或其他的水果干，
转换成不同口味。

制作分量—约 350 克

最佳赏味—冷藏 30 天

材料

米香	200g
蔓越莓	40g
白巧克力	150g

做法

1 白巧克力隔水加热到 38℃融化。

2 把融化好的白巧克力倒入米香中拌匀。

3 撒入蔓越莓拌匀。

4 取适量放进模型抹平，静置冷却定型，逐一包装即可。

Part
3

香、软、绵——软糖系列

软糖的含水率10%以下，可大致分为咀嚼式、全充气式、半充气式。打入大量空气的全充气式棉花糖、咀嚼型的香软牛奶糖、半充气型的牛轧糖，每一款都是让人惊喜的美味。

枫糖雪白棉花糖

将蛋白打发至降温，用意在避免棉花糖
的糖浆流动性太高，这样在挤形时会比
较不易成形，立体感不强。

制作分量—300 克

最佳赏味—室温 10 天

材料

蛋白	75g	细砂糖	150g
蛋白霜粉	5g	水	60g
香草糖	30g	枫糖浆	20g
香草粉	5g	吉利丁片	20g
		玉米淀粉	600g

做 法

1 烤箱预热至 100℃，放入玉米淀粉烤 10～15 分钟，放凉，在烤盘上铺平，用擀面杖压出一条一条凹槽。

2 吉利丁片放入冰水中泡软，挤干水分，备用。

3 蛋白、蛋白霜粉混合，用电动打蛋器打 20 秒，加入香草糖和香草粉，继续打至湿性发泡。

4 细砂糖、水、枫糖浆混合，上炉，煮到 115℃，熄火。

5 把糖浆慢慢地倒入做法 3 打发的蛋白中，边倒入糖浆边打发蛋白。

6 做法 2 的吉利丁片隔水加热，融成液体后，倒入打发蛋白内，打匀。

7 持续打发蛋白，至钢盆底部温度降温至不烫手。

8 挤花袋装入平口圆花嘴，填入枫糖蛋白糖浆，在做法 1 的凹槽内挤一直线。

9 静置放凉至凝固，将棉花糖条裹上熟玉米淀粉。

10 剪成小段，滚上熟玉米淀粉，再把多余的粉筛掉即可。

覆盆子棉花球

在棉花球表面撒上少许切碎的蔓越莓，
颜色会更艳丽。挤入打发蛋白时，如果
无法挤断，可将剪刀蘸水后剪开。

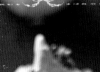

制作分量—约 250 克

最佳赏味—冷藏 10 天

材料

蛋白	75g	细砂糖 B	130g
蛋白霜粉	5g	水	60g
细砂糖 A	30g	覆盆子果泥	50g
香草粉	5g	蔓越莓碎	10g
吉利丁片	18g	玉米淀粉	600g

做法

1 烤箱预热至 100℃，放入玉米淀粉烤 10 ~ 15 分钟，放凉，在烤盘上铺平，用擀面杖的圆头压出一个一个圆洞。

2 吉利丁片放入冰水中泡软，挤干水分，备用。

3 蛋白、蛋白霜粉混合，用电动打蛋器打 20 秒，加入细砂糖 A 和香草粉，继续打至湿性发泡。

4 细砂糖 B、水、覆盆子果泥混合，上炉，煮到 115℃，熄火。

5 把糖浆慢慢地倒入做法 3 的打发蛋白中，边倒入糖浆边打发蛋白。

6 做法 2 的吉利丁片隔水加热，融成液体后，倒入打发蛋白内，打匀。

7 持续打发蛋白，至钢盆底部温度降温至不烫手。

8 挤花袋装入平口圆花嘴，填入覆盆子蛋白糖浆，挤入熟玉米淀粉圆洞内。

9 将蔓越莓碎撒在覆盆子棉花糖上装饰。

10 静置放凉至凝固，滚上熟玉米粉，再把多余的粉筛掉即可。

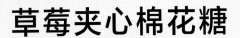

草莓夹心棉花糖

学会夹心的技法后，也可以试着替
换材料中的香料和果酱，改成其他
口味的水果，就能做出另一款夹心
棉花糖了。

制作分量—约 200 克

最佳赏味—冷藏 7 天

材料

蛋白	90g	细砂糖	90g
蛋白霜粉	6g	水	35g
香草糖	40g	西点转化糖浆	10g
香草粉	5g	草莓香精	1g
吉利丁片	20g	草莓果酱	60g
		玉米淀粉	100g

做法

1 烤箱预热至 100℃，放入玉米淀粉烤 10 ~ 15 分钟，放凉，在烤盘上铺平，用擀面杖压出一条一条凹槽。

2 将草莓果酱装入注射筒里。

3 吉利丁片放入冰水中泡软，挤干水分，备用。

4 蛋白、蛋白霜粉混合，用电动打蛋器打 20 秒，加入香草糖和香草粉，继续打至湿性发泡。

5 细砂糖、水、西点转化糖浆混合，上炉，煮到 115℃，熄火，加入草莓香精拌匀。

6 把草莓糖浆慢慢地倒入做法 4 的打发蛋白中，边倒入糖浆边打发蛋白。

7 做法 2 的吉利丁片隔水加热，融成液体后，倒入蛋白内，打匀，持续打发至钢盆底部温度降温至不烫手。

8 挤花袋装入平口圆花嘴，填入草莓蛋白糖浆，在熟玉米淀粉凹槽内挤一直线，中间挤上草莓果酱。

9 表面再挤一条草莓蛋白覆盖。

10 静置放凉至凝固，将棉花糖条裹上熟玉米淀粉，剪成小段，滚上熟玉米淀粉，再把多余的粉筛掉即可。

11 除了上述示范夹心法，也可以挤一条棉花糖，凝固后剪小段，用注射筒从中间挤入草莓果酱即可。

三色棉花糖

三色棉花糖的乐趣在于缤纷的色彩和造型。主要以挤花袋组合色彩，利用花嘴和挤法的不同，就会有崭新的风貌。

制作分量—约300克

最佳赏味—室温10天

材 料

蛋白	110g	水	90g
蛋白霜粉	8g	蜂蜜	30g
香草糖	45g	草莓香精	适量
香草粉	5g	天然食用黄色色素	少许
吉利丁片	25g	天然食用绿色色素	少许
细砂糖	220g	玉米淀粉	600g

做 法

1 烤箱预热至100℃，放入玉米淀粉烤10～15分钟，放凉，在烤盘上铺平，用擀面杖压出一条一条凹槽。

2 蛋白、蛋白霜粉混合，用电动打蛋器打20秒，加入香草糖和香草粉，继续打至湿性发泡。

3 细砂糖、水、蜂蜜混合，上炉，煮到115℃，熄火，慢慢地倒入打发蛋白中，边倒入糖浆边打发蛋白。

4 吉利丁片放入冰水中泡软，挤干水分，隔水加热，融成液体后，倒入蛋白内，打匀，持续打发至钢盆底部温度降温至不烫手，隔热水保温。

5 将打发蛋白均分成3份，分别加入草莓香精、天然食用黄色色素、天然食用绿色色素，拌匀染色。

6 将三色蛋白填入挤花袋中，再多备一个空挤花袋和菊形花嘴。

7 空挤花袋装入菊形花嘴，放进三色蛋白挤花袋。

8 在熟玉米淀粉凹槽内挤一直线或波浪线。

9 挤蛋白时若无法断开时，可用蘸水的剪刀剪开。

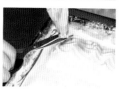

10 静置放凉至凝固，将三色棉花糖条裹上熟玉米淀粉，剪成小段，再滚上熟玉米淀粉，把多余的粉筛掉即可。

法式香草牛奶糖

糖浆煮得温度愈高，糖体口感会愈硬。
天然的香草子香气迷人，能让牛奶糖的
风味大幅提升，取出子后的豆荚可以一
起煮或另外放入砂糖做香草糖使用。

材料

动物性淡奶油	250g	海藻糖	50g
香草荚	1 支	水饴（86%Brix）	80g
细砂糖	150g	有盐黄油	25g

做法

1 香草荚用刀划开，刮出香草子，加入动物性淡奶油中。

2 上炉加热到80℃，熄火。

3 加入细砂糖、海藻糖、水饴，持续搅拌加热。

4 续煮到120～123℃，熄火。

5 加入有盐黄油，拌匀。

6 烤盘铺防粘纸，放上慕斯框，倒入香草牛奶糖浆，静置到表面平整，冷却定型。

7 取出脱模。

8 切成小块后包装即可。

焦糖太妃牛奶糖

把砂糖煮成焦糖是最单纯又可口的滋味，煮的时候火不要太大，否则焦糖容易过焦。撒上天然的盐之花海盐，让牛奶糖不甜腻又有提味效果。

制作分量—约 400 克

最佳赏味—室温 30 天

材料

动物性淡奶油	250g	水饴（86％Brix）	70g
细砂糖 A	60g	无盐黄油	25g
细砂糖 B	160g	盐之花海盐	2g
海藻糖	40g		

做法

1 动物性淡奶油加热到
80℃，熄火，隔热水保
温备用。细砂糖 A 上炉，
煮至成焦糖。

2 让焦糖保持沸腾状，
分次冲入热动物性淡奶
油，以耐热刮刀拌匀。

3 加入细砂糖 B、海藻
糖、水饴，持续搅拌加
热。

4 续煮到 120～123℃，
熄火，加入无盐黄油、
盐之花海盐，拌匀。

5 取喜爱的硅胶模，倒
入焦糖太妃牛奶糖浆，
静置降温，冷却后脱模
包装即可。

瑞士莲
巧克力牛奶糖

硅胶模的造型变化多端，用来当糖果模
不但脱模方便，糖果外形也更吸引人。
使用硅胶模时，也可喷上薄薄的一层烤
盘油，可以延长硅胶模的使用期限。

制作分量—约 400 克

最佳赏味—室温 30 天

材料

动物性淡奶油	250g	瑞士莲 70% 苦甜巧克力	60g
细砂糖	200g	无盐黄油	20g
水饴（86%Brix）	75g	食用金箔	少许

做 法

1 动物性淡奶油上炉，加热到 80℃，熄火，加入细砂糖、水饴拌匀，继续加热拌煮到 120～123℃，熄火。

4 加入无盐黄油，拌匀。

2 瑞士莲 70% 苦甜巧克力隔水加热至融化。

5 取喜爱的硅胶模，倒入瑞士莲巧克力牛奶糖浆，静置降温。

3 将巧克力酱倒入做法 1 锅中，拌匀。

6 冷却后脱模，用少许食用金箔装饰后包装即可。

焦糖玛奇朵牛奶糖

不同品牌的研磨咖啡风味不一，可选择
喜欢的口味制作。煮好的咖啡鲜奶油重
量要够250g，若不够250g重，可再
添加动物性淡奶油补足重量。

制作分量—约 400 克

最佳赏味—室温 30 天

材 料

动物性淡奶油	250g	细砂糖 B	200g
研磨咖啡粉	15g	水饴（86％Brix）	75g
细砂糖 A	60g	无盐黄油	25g

做 法

1 动物性淡奶油上炉煮滚，熄火。加入研磨咖啡粉拌匀，盖上锅盖闷 3 分钟。

2 过滤出咖啡粉，将咖啡鲜奶油隔热水保温。

3 细砂糖 A 上炉煮成焦糖。

4 焦糖保持在沸腾状态，将咖啡鲜奶油分次冲入焦糖中，用耐热刮刀搅匀。

5 加入细砂糖 B 和水饴，继续拌煮到 120 ～ 123℃，熄火。

6 加入无盐黄油，拌匀。

7 取喜爱的硅胶模，倒入焦糖玛奇朵牛奶糖浆，静置降温，冷却后包装。

英式伯爵牛奶糖

这款糖挑选茶叶很重要，因为茶的风味
要足才能到位，制作时将茶叶磨碎一起
加入糖浆中，做出来的糖果咀嚼时更具
风味。

制作分量—约 350 克

最佳赏味—室温 30 天

材 料

动物性淡奶油	250g	海藻糖	40g
伯爵红茶叶	10g	水饴（86%Brix）	70g
细砂糖	160g	有盐黄油	25g

做 法

1 伯爵红茶叶放入研磨机，磨成粉状。

2 动物性淡奶油上炉煮滚，熄火。加入伯爵红茶粉拌匀，盖上锅盖闷 3 分钟。

3 加入细砂糖、海藻糖、水饴，继续拌煮到 118 ~ 120℃，熄火。

4 加入有盐黄油，拌匀。

5 烤盘铺防粘纸，放上慕斯框，倒入英式伯爵牛奶糖浆，静置降温。

6 冷却脱模，以颗粒形擀面杖擀压出表面花纹，切块后包装即可。

制作分量—约 380 克
最佳赏味—室温 30 天

欧式黑胡椒盐味
牛奶糖

在模型中撒上匈牙利红椒粉可以增加色
泽，并不会辣口。除了黑胡椒粒外，也可
以使用七彩胡椒，会展现出另一种风味。

材 料

动物性淡奶油	250g	水饴（86％Brix）	80g
粗颗粒黑胡椒粉	5g	有盐黄油	25g
细砂糖	150g	盐之花海盐	2g
海藻糖	50g	匈牙利红椒粉	适量

做 法

1 动物性淡奶油中加入粗颗粒黑胡椒粉，上炉
加热到 80℃，熄火。

2 加入细砂糖、海藻糖、水饴，继续拌煮到
120 ~ 122℃，熄火。

3 加入有盐黄油，拌匀。

4 加入盐之花海盐，拌匀，装入挤花袋中。

5 在硅胶模内撒上匈牙利红椒粉。

6 将黑胡椒盐味牛奶糖浆挤入模型中，静置降
温，冷却脱模后包装即可。

牛轧饼

制作分量—约 50 组
最佳赏味—室温 14 天

将糖团隔热水保温，可延缓糖团凝固的速度。包装饼干建议使用塑封袋，因为此材质不透气，以封口机密封后保鲜性较佳。

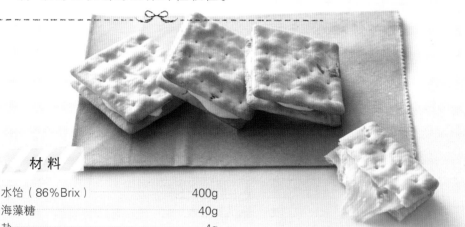

材料

水饴（86%Brix）	400g
海藻糖	40g
盐	4g
新鲜蛋白	60g
无盐黄奶油	25g
奶粉	230g
香草粉	4g
香葱苏打饼干	约 100 片

做法

1 奶粉、香草粉混合，一起过筛，备用。

2 水饴上炉煮至融化，加入混匀的海藻糖和盐，煮融，继续加热煮到 130℃，熄火。

3 新鲜蛋白打发，打发后隔热水保温。

4 分 2 次倒入做法 2 的糖浆中，用电动打蛋器快速打匀。

5 加入无盐黄油，快速打匀。

6 续入做法 1 的香草奶粉，先用慢速打匀，再用快速打到完全混合均匀。

7 打好的糖团隔热水保温，取一片香葱苏打饼干，用包馅匙抹上适量糖团。

8 用另一片饼干夹起，静置待糖团冷却凝固后马上包装，避免饼干回软即可。

杏仁蔓越莓牛轧糖

这款牛轧糖是添加了奶粉的传统型牛轧糖，奶香味十足。制作牛轧糖时要注意蛋白新鲜度，建议使用新鲜蛋白，避免蛋腥味太重。

材料

水饴（86%Brix）	600g	奶粉	350g
细砂糖	60g	香草粉	6g
盐	5g	美国特级杏仁豆	200g
新鲜蛋白	90g	蔓越莓	80g
无盐黄油	40g		

做法

1 烤箱预热至 100℃，放入美国特级杏仁豆，烘烤 40 ~ 50 分钟至烤熟。

6 加入无盐黄油，快速打匀。

2 奶粉、香草粉混合，一起过筛，备用。

7 续入做法 1 的香草奶粉，先用桨状搅拌器慢速打匀，再用中速打 2 分钟完全混合均匀。

3 水饴放入钢盆，上炉煮至水饴融化，加入细砂糖和盐，煮融，继续加热煮到 130℃，熄火。

8 加入烤熟的美国特级杏仁豆和蔓越莓，用桨状搅拌器拌匀。

4 新鲜蛋白放入搅拌缸，以球状搅拌器打发。

9 糖果板铺上防粘纸，趁热倒入打好的牛轧糖团，压平后盖上防粘纸以擀面杖擀压整形。

5 分 2 次倒入糖浆，快速打匀。

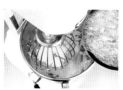

10 待静置定型，用刮板或刀子切成小块后包装即可。
P.S.：使用硬的刮板切割微温的糖果，不粘黏很好切。

花生乳加巧克力
牛轧糖

在牛轧糖表面裹上一层巧克力，不但让
牛轧糖外形更有变化之外，口感也多了
一层不同的享受。

制作分量—约 1000 克

最佳赏味—室温 30 天

材料

水饴（86%Brix）	600g	奶粉	320g
海藻糖	60g	香草粉	5g
盐	6g	去皮花生	450g
新鲜蛋白	65g	牛奶巧克力	300g
无盐黄油	40g		

做法

1 烤箱预热至 100℃，放入去皮花生，烘烤 40 ~ 50 分钟至烤熟。

2 奶粉、香草粉混合，一起过筛，备用。

3 水饴上炉煮至融化，加入海藻糖和盐，煮融，继续加热煮到 128℃，熄火。

4 新鲜蛋白放入搅拌缸，以球状搅拌器打发，分 3 次冲入糖浆，快速打匀。

5 分 3 次加入无盐黄油，快速打匀。

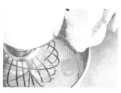

6 续入做法 2 的香草奶粉，先用桨状搅拌器慢速打匀，再用快速打到完全混合均匀。

7 加入去皮熟花生，拌匀。

8 在特制糖果模底部铺上防粘布，趁热倒入打好的牛轧糖团，以饭匙压平，待静置定型，取出。

9 牛奶巧克力隔水加热至融化，放入花生牛轧糖，裹上巧克力浆。

10 以巧克力叉在表面划出纹路，静置待巧克力凝固后包装即可。

瑞士莲巧克力
核桃牛轧糖

这里使用的瑞士莲巧克力风味极佳，但价格稍微贵一些，你也可等量替换成其他品牌的巧克力。注意：书中多使用纽扣形或六角形小块状巧克力，读者如果选择砖片状的巧克力，要先切小块或削薄再用。

制作分量—约 1200 克

最佳赏味—室温 30 天

材 料

水饴（86%Brix）	640g	无盐黄油	100g
细砂糖	180g	瑞士莲 70% 苦甜巧克力	240g
盐	5g	奶粉	280g
蛋白霜粉	80g	无糖可可粉	40g
冷开水	80g	美国大核桃	400g

做 法

1 美国大核桃放入已预热至 100℃ 的烤箱，烘烤约 50 分钟至熟。

2 水饴放入锅中，上炉煮到融化，加入混合的细砂糖和盐。

3 做法 2 煮融，续煮到 124～126℃，熄火。

4 蛋白霜粉放入搅拌缸中，倒入冷开水，以球状搅拌器打发。
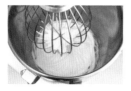

5 做法 3 糖浆分 3 次倒入做法 4 搅拌缸，以球状搅拌器快速打匀。

6 加入无盐黄油，打匀。

7 苦甜巧克力隔水加热融化，加入做法 6，快速打匀。

8 奶粉、无糖可可粉过筛，混合备用。

9 将做法 8 混匀的干粉加入做法 7 缸中，以桨状搅拌器先慢速打匀，再用中速打到完全混合均匀
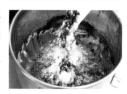

10 加入烤熟的美国大核桃，拌匀。

11 在特制糖果模底部铺上防粘布，趁热倒入打好的做法 10，以饭匙压平。

12 待静置定型，取出后包装即可。
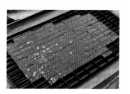

杏仁小鱼高钙
牛轧糖

原味的牛轧糖团只要加入不同的坚果原料，就能变化出不同口感风味，市售杏仁小鱼干就是别出心裁的变化。

材料

水饴（86%Brix）	600g	无盐黄油	40g
海藻糖	60g	奶粉	350g
盐	6g	杏仁小鱼干	280g
蛋白霜粉	35g	熟白芝麻	50g
冷开水	35g		

做法

1 水饴放入钢盆中，上炉煮至水饴融化，加入海藻糖和盐，煮融，继续加热煮到122~124℃，熄火。

2 蛋白霜粉和冷开水放入搅拌缸，以球状搅拌器打发，分3次冲入糖浆，快速打匀。

3 加入无盐黄油，快速打匀。

4 加入过筛的奶粉，先用桨状搅拌器以慢速打匀，再用中速打到完全混合均匀。

5 续入杏仁条小鱼干和熟白芝麻，拌匀。

6 在特制糖果模底部铺上防粘布，趁热倒入打好的牛轧糖团，以饭匙压平，待静置定型，取出后包装即可。

法芙娜樱桃榛果
牛轧糖

法芙娜樱桃榛果牛轧糖为欧式无奶粉配方。法芙娜70％苦甜巧克力很容易融化，这里用做法中糖浆的温度直接打至融匀，当然你也能事先把巧克力隔水加热融匀。

制作分量—约 800 克

最佳赏味—冷藏 30 天

材料

细砂糖	150g	蛋白霜粉	5g
海藻糖	50g	细砂糖	25g
水	80g	法芙娜 70% 苦甜巧克力	150g
水饴（86%Brix）	140g	榛果	200g
蜂蜜	240g	樱桃干	200g
新鲜蛋白	40g		

做法

1 榛果放入已预热至100℃的烤箱，烘烤约30分钟至烤熟。

2 水饴放入锅中，上炉煮到水饴融化，加入混合的细砂糖、海藻糖、水，煮融，加热至155℃，熄火；蜂蜜煮到120℃，熄火，备用。

3 新鲜蛋白＋蛋白霜粉放入搅拌缸，以球状搅拌器打发，加入细砂糖打至湿性发泡，将热蜂蜜慢慢倒入，拌匀。
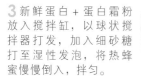

4 分次倒入煮好的糖浆，拌匀，快速打发 4 分钟。

5 加入法芙娜 70% 苦甜巧克力，打匀。

6 加入烤熟的榛果，以桨状搅拌器打匀。

7 加入樱桃干，打匀。
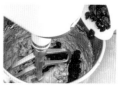

8 倒在防粘布上，将材料揉匀。

9 压入糖果板中整形，包上保鲜膜，放室温一晚。

10 定型后用硬刮板或刀切成小块，逐一包装即可。

法式综合
水果牛轧糖

法式综合水果牛轧糖是无奶粉配方。
综合水果蜜饯可换成任何一种水果干，
会有不同的风味。蜜饯可先用冷开水
略微冲洗，再以厨房用纸巾吸干水分，
可避免太甜。

制作分量—约 800 克

最佳赏味—冷藏 30 天

材料

香草糖	100g	新鲜蛋白	40g
海藻糖	100g	蛋白霜粉	5g
水	80g	细砂糖	25g
水饴（86%Brix）	140g	烤熟杏仁角	300g
香草荚	1 支	综合水果蜜饯	200g
蜂蜜	240g		

做 法

1 香草荚用刀划开，刮出香草子。

2 水饴和香草子放入锅中，上炉煮到水饴融化，加入香草糖、海藻糖、水，煮融，加热至140℃，熄火；蜂蜜煮到120℃，熄火，备用。

3 新鲜蛋白＋蛋白霜粉放入搅拌缸，以球状搅拌器打发，加入细砂糖打至湿性发泡，将煮好的蜂蜜慢慢倒入，拌匀。

4 分次倒入煮好的糖浆，拌匀，快速打发4分钟。

5 续入熟杏仁角，以桨状搅拌器打匀。

6 加入综合水果蜜饯，打匀。

7 倒在防粘布上，将材料揉匀，压入糖果板中整形，包上保鲜膜，放室温一晚。

8 定型后用硬刮板或刀切成小块，逐一包装即可。

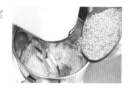

意式经典咖啡
核桃牛轧糖

除了以桌上型电动搅拌机将材料
拌匀，做法 8 里示范的手揉方式
可以让坚果不会被机器打碎，在糖
果板上操作也能顺利整形。

材料

细砂糖	250g	冷开水	30g
水	100g	蛋白霜粉	30g
水饴（86%Brix）	60g	细砂糖	30g
鲜奶	80g	奶粉	250g
研磨咖啡粉	20g	熟核桃	250g

做法

1 鲜奶中加入研磨咖啡粉，边加热边搅拌均匀，闷 1 分钟后过滤出咖啡牛奶。

2 水饴放入锅中，上炉煮到水饴融化，加入细砂糖、水，煮融，加热至 155℃，熄火。

3 蛋白霜粉放入搅拌缸中，加入冷开水、细砂糖，以球状搅拌器打发。

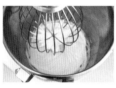

4 将糖浆慢慢倒入做法 3 蛋白中，打匀。

5 倒入咖啡牛奶，快速打发 4 分钟。

6 加入已过筛的奶粉，以桨状搅拌器打匀。

7 续入熟核桃，拌匀。

8 倒在防粘布上，将材料揉匀，压入糖果板中整形，包上保鲜膜，放室温一晚，定型后用硬刮板或刀切成小块包装即可。

和风抹茶松子
牛轧糖

和风抹茶松子牛轧糖是日式无奶粉配方。
这里将抹茶粉先和西点转化糖浆拌匀。

制作分量—约600克

最佳赏味—冷藏30天

材 料

细砂糖	170g+25g（共计195g）	日式抹茶粉	30g
海藻糖	30g	新鲜蛋白	40g
水	80g	蛋白霜粉	5g
水饴（86%Brix）	140g	松子	300g
西点转化糖浆	60g		

做 法

1 松子放入已预热至120℃的烤箱，烘烤20～25分钟至熟。

2 水饴放入锅中，上炉煮到水饴融化，加入混合的细砂糖（170g）、海藻糖、水，煮融，加热煮到150℃，熄火。

3 西点转化糖浆和日式抹茶粉混合，拌匀成抹茶膏。

4 新鲜蛋白放入搅拌缸，以球状搅拌器打发，加入蛋白霜粉、细砂糖（25g）打至湿性发泡，加入抹茶膏，打匀。

5 慢慢倒入煮好的糖浆，快速打发4分钟。

6 加入烤熟的松子，以桨状搅拌器打匀。

7 倒在防粘布上，将材料揉匀，压入糖果板中整形，包上保鲜膜，放室温一晚。

8 定型后用硬刮板或刀切成小块包装即可。

美式奥利奥
巧克力饼干牛轧糖

美式奥利奥巧克力饼干牛轧糖是无奶
粉配方。材料中的奥利奥饼干也可直接
替换成任何一种适合巧克力风味的干
燥水果干或蔬菜干。

制作分量—约600克

最佳赏味—冷藏30天

材料

细砂糖	140g	新鲜蛋白	40g
海藻糖	60g	蛋白霜粉	5g
水	80g	细砂糖	25g
水饴（86%Brix）	40g	70%苦甜巧克力	150g
蜂蜜	200g	奥利奥巧克力饼干碎（无夹心馅）	200g

做法

1 70%苦甜巧克力隔水加热，融化备用。

2 水饴上炉煮到融化，加入混合的细砂糖、海藻糖、水，煮融，加热煮到155℃，熄火；蜂蜜煮至120℃，熄火，备用。

3 新鲜蛋白+蛋白霜粉放入搅拌缸，以球状搅拌器打发，加细砂糖打至湿性发泡，分次加入热蜂蜜，打匀。

4 分3次加入糖浆，快速打发4分钟。

5 倒入融化好的70%苦甜巧克力，打匀。

6 加入奥利奥巧克力饼干碎，以桨状搅拌器打匀。

7 倒在防粘布上，将材料揉匀，压入糖果板中整形，包上保鲜膜，放室温一晚。

8 定型后用硬刮板或刀切成小块。

9 表面裹一点奥利奥巧克力饼干碎（配方外），逐一包装即可。

Part
4

香、Q、弹牙——凝胶类软糖

凝胶类软糖主要采用 4 种凝胶：洋菜、淀粉、果胶、明胶，凝胶可用来凝固糖浆，使糖团定型，因为含水量较高，保存期限比较短，需注意最佳赏味期。

水果软糖

水果软糖的表面裹上打成粉的糯米纸
装饰，表面带着微微的闪亮光泽，又包
有糯米纸，有防粘黏的作用。

材 料

水 A	800g	水 B	80g
洋菜粉	25g	柠檬酸	4g
细砂糖	200g	水 C（冷开水）	8g
海藻糖	100g	综合水果蜜饯	150g
盐	5g	糯米纸	适量
水饴（86%Brix）	500g		
奶粉	70g		

做 法

1 水 A + 洋菜粉混合倒入锅中，浸泡 30 分钟，煮滚，水沸腾后续滚 2 分钟（用计时器），慢慢加入细砂糖、海藻糖、盐，同时用耐热刮刀或木勺搅拌。

2 慢慢地加入水饴，边加入边搅拌，煮到 105℃。

3 奶粉 + 水 B 混合均匀，慢慢地倒入锅中，拌匀，煮到 114 ~ 116℃ / 甜度 82，熄火。

4 柠檬酸和水 C 拌匀，倒入锅中拌匀。

5 综合水果蜜饯加入糖浆中，搅拌均匀。

6 做法 5 装入挤花袋，挤入圆球模型中，放凉凝固后，脱模取出。

7 糯米纸放入磨粉机中，磨成糯米纸。

8 把脱模的水果软糖蘸上糯米纸粉，包上玻璃纸即可。

新港饴

新港饴亦称老鼠糖、双仁润，糖量不高，热量低且不甜腻。花生也可选用去皮花生仁。

制作分量—约 800 克

最佳赏味—室温 14 天

材料

水 A	200g	水 B	50g
洋菜粉	8g	色拉油	20g
细砂糖	80g	带皮熟花生	220g
盐	4g	熟白芝麻	50g
水饴（86%Brix）	500g	熟玉米淀粉	适量
地瓜粉	25g		

做 法

1 水 A + 洋菜粉混合倒入锅中，浸泡 30 分钟，煮滚，水沸腾后续滚 2 分钟（用计时器），慢慢加入细砂糖、盐，同时用耐热刮刀或木勺搅拌。

2 慢慢地加入水饴，一边搅拌，煮到 105℃，分次慢慢地倒入混合均匀的地瓜粉 + 水 B，煮到 112 ~ 115℃／甜度 87，熄火。

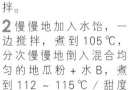

3 分次慢慢地加入色拉油，拌匀。

4 加入带皮熟花生、熟白芝麻，拌匀。

5 倒入铺上防粘纸的模型中，静置待稍微放凉。

6 微温定型后，用熟玉米淀粉当手粉，把糖团切小块，整形成小团状后包装即可。

夏威夷豆软糖

Q 软又脆口的夏威夷豆软糖，制作时使用了大量的夏威夷豆和杏仁片，与糖浆结合前要先保温，才不会让糖浆温度骤降。

制作分量—约 800 克

最佳赏味—室温 14 天

材料

水 A	480g	水 B	120g
洋菜粉	20g	色拉油	40g
细砂糖	100g	熟夏威夷豆	480g
盐	3g	熟杏仁片	240g
水饴（86％Brix）	1200g	熟白芝麻	120g
地瓜粉	75g	（夏威夷豆＋杏仁片放入烤箱以 100℃保温）	

做 法

1 水 A＋洋菜粉混合倒入锅中，浸泡 30 分钟，煮滚，水沸腾后续滚 2 分钟（用计时器），慢慢地加入细砂糖、盐，同时用耐热刮刀或木勺搅拌。

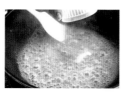

2 慢慢地加入水饴，一边搅拌，煮到 110℃，分次慢慢地倒入混合均匀的地瓜粉＋水 B，煮到 122℃。

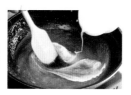

3 边煮时要边以甜度计测试，当温度达到所需温度／甜度 86 时，熄火。

4 慢慢地倒入色拉油，拌匀。

5 取出保温的熟夏威夷豆＋熟杏仁片，加入做法 4 的糖浆中，拌匀。

6 再加入熟白芝麻，搅拌均匀。

7 趁热倒在铺了防粘纸的模型框中，抹平。

8 待稍凉，将刀抹油，把软糖切块，包上糯米纸和玻璃纸即可。

红糖花生软糖

软糖难免粘手，分切后以糯米纸包裹，
再装入糖果袋用封口机包装较易保存，
若无封口机，外层可包上玻璃纸。

制作分量—约 950 克

最佳赏味—室温 14 天

材 料

水 A	260g	地瓜粉	40g
洋菜粉	10g	水 B	65g
黄糖	50g	花生油	35g
红糖	50g	去皮熟花生	420g
盐	4g	（去皮熟花生放入烤箱，用 100℃ 保温）	
水饴（86％Brix）	650g		

做 法

1 水 A + 洋菜粉混合倒入锅中，浸泡 30 分钟，煮滚，水沸腾后续滚 2 分钟（用计时器），慢慢加入黄糖、红糖、盐，同时用耐热刮刀或木勺搅拌。

2 慢慢地加入水饴，一边搅拌，煮到 110℃，分次慢慢地倒入混合均匀的地瓜粉 + 水 B。

3 煮到 112℃／甜度 87（试糖的软硬度），熄火，慢慢地倒入花生油，拌匀。

4 取出保温的去皮熟花生，加入做法 3 的糖浆中，拌匀。

5 趁热倒在铺了防粘纸的糖果板中，抹平。

6 待稍凉，将刀抹油，把红糖花生软糖切块，包上糯米纸后封口即可。

QQ姜母糖

这是一款非常滋补的糖，使用老姜的味道更浓郁，若能购买到古法熏制的桂圆肉，风味会更好。

制作分量—约 1200 克

最佳赏味—室温 14 天

材料

水 A	260g	老姜	400g
洋菜粉	10g	桂圆肉	300g
黄糖	50g	水 B	65g
红糖	50g	地瓜粉	40g
盐	4g	色拉油	35g
水饴（86％Brix）	650g		

做法

1 老姜洗净，用料理机打成泥；桂圆肉用料理机打碎，备用。

2 水 A + 洋菜粉混合倒入锅中，浸泡 30 分钟，煮滚，水沸腾后续滚 2 分钟（用计时器），慢慢地加入黄糖、红糖、盐，同时用耐热刮刀或木勺搅拌。

3 慢慢地加入水饴，一边搅拌，煮到 110℃。

4 加入姜泥，煮滚。

5 分次慢慢地倒入混合均匀的地瓜粉 + 水 B，煮滚。

6 加入桂圆碎，煮滚。

7 煮到 112℃／甜度 87（试糖的软硬度），熄火，慢慢地倒入色拉油，拌匀。

8 趁热倒在铺了防粘纸的糖果板中，抹平，待稍凉，将刀抹油，可用熟玉米淀粉当手粉，把 QQ 姜母糖切块后包装即可。

乌梅夹心球软糖

软糖比较容易粘手，使用糯米纸可以避免粘黏，包装时也能避免粘黏玻璃纸。除了做乌梅口味之外，你也可以试着使用其他浓缩果汁或者果干来做不同口味的夹心软糖。

材 料

水 A	400g	水 B	40g
洋菜粉	12g	浓缩乌梅汁	40g
细砂糖	100g	柠檬酸	4g
海藻糖	50g	水 C	8g
盐	2g	乌梅蜜饯	50g
水饴（86%Brix）	250g	糯米纸粉	适量
奶粉	70g		

做 法

1 乌梅蜜饯去子，剪对半。

2 水 A + 洋菜粉混合倒入锅中，浸泡 30 分钟，煮滚，水沸腾后续滚 2 分钟（用计时器），慢慢地加入细砂糖、海藻糖、盐，同时用耐热刮刀或木勺搅拌。

3 慢慢加入水饴，一边搅拌，煮到 105℃，分次慢慢倒入混合均匀的奶粉 + 水 B。

4 倒入浓缩乌梅汁，拌匀。

5 煮到 114 ~ 116℃ / 甜度 82（试糖的软硬度），熄火，慢慢地倒入调匀的柠檬酸 + 水 C，拌匀。

6 取圆球模型喷上烤盘油，挤入一半的乌梅糖浆，摆上乌梅蜜饯。

7 将圆球模型夹起固定，挤入剩余乌梅糖浆填满模型，静置降温。

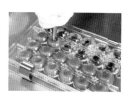

8 待糖果降温后脱模，裹上糯米纸粉，包上玻璃纸即可。

金门猪脚贡糖

金门猪脚贡糖是风靡伴手礼界的创意贡糖，Q软弹牙、酥脆，口感极佳，很适合搭配茶品食用。为了让切面好看，最好静置一整晚再切块。

材料

水 A	200g	水 B	50g
洋菜粉	5g	花生油	25g
细砂糖	100g	熟花生粉	200g
盐	3g	熟黑芝麻	15g
水饴（86%Brix）	500g	去皮熟花生	120g
地瓜粉	25g	熟白芝麻	50g

做法

1 水 A + 洋菜粉混合倒入锅中，浸泡 30 分钟，煮滚，水沸腾后续滚 2 分钟（用计时器），慢慢地加入细砂糖、盐，同时用耐热刮刀或木勺搅拌。

2 慢慢地加入水饴，一边搅拌，煮到 110℃，分次慢慢倒入混合均匀的地瓜粉 + 水 B。

3 慢煮到 112～115℃甜度 / 87（试糖的软硬度），熄火，慢慢倒入花生油，拌匀。

4 取 200g 的糖浆，加入熟花生粉 + 熟黑芝麻，拌匀。

5 将花生芝麻糖团整形成长条形。

6 剩余糖浆拌入去皮熟花生，倒在铺上防粘布的桌面上，压扁成片状。

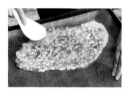

7 把花生芝麻糖条放在去皮花生糖片上。

8 以防粘布辅助，包卷成长条状，滚圆塑形。

9 打开防粘布，在表面蘸上熟白芝麻。

10 在防粘布上抹少许油，再次把糖团包卷起来，静置放凉，定型一晚后切块，以糯米纸包装即可。

南枣核桃糕

熟核桃在和糖浆结合前，可放入烤箱以
100℃保温。黑枣加入水后比较容易蒸
软，但要记得蒸熟后过滤出水分，否则
制作时会使糖中的水分太多。

制作分量—约 1300 克

最佳赏味—室温 14 天

材料

黑枣	100g	淀粉	40g
水 A	300g	水 B	60g
海藻糖	100g	无盐黄油	60g
细砂糖	50g	熟核桃	450g
水饴（86% Brix）	750g	（核桃放入烤箱以 100℃保温）	
枣泥豆沙	200g	糯米纸	适量

做法

1 黑枣泡水约 30 分钟至软，去核，倒入水 A，放入电锅，外锅倒 2 杯水，蒸熟后滤出水分，趁热放入料理机中打成泥。

2 将海藻糖、细砂糖、水饴放入锅中，煮到 121℃，加入枣泥豆沙煮至融匀。

3 加入黑枣泥，煮滚。

4 慢慢地倒入调匀的淀粉＋水 B，拌匀勾芡，煮到 121℃，熄火。

5 加入无盐黄油，拌匀。

6 加入熟核桃，拌匀。

7 倒入铺上防粘纸的糖果模中压平整形。

8 盖上防粘纸，以擀面杖擀平，静置待凉，用抹油的刀将糖切块，以糯米纸包装即可。

桂圆红枣核桃糖

红枣蒸熟后过筛，可以把硬皮筛除。桂
圆和红枣都是补血圣品，这款糖很受长
辈的喜爱，年节时，推荐您自制这款糖
果送给家人及朋友！

材 料

水饴（86%Brix）	600g	无盐黄油	120g
细砂糖	200g	红枣	600g
水	100g	桂圆肉	300g
玉米淀粉	250g	养乐多	1 瓶
鲜奶	400g	熟核桃仁	350g
		（核桃放入烤箱，以 100℃保温）	

做 法

1 桂圆肉用养乐多浸泡至入味，滤干，切碎。

2 红枣泡冷水至软，去核，放入电锅，外锅倒入 2 杯水，蒸熟，用料理机打成泥，过筛备用。

3 玉米淀粉过筛，倒入鲜奶中拌匀，备用。

4 无盐黄油隔水加热至融化。

5 将做法 3 + 4 拌匀，隔温水保温备用。

6 将水饴、细砂糖、水放入锅中，煮到 130℃，慢慢地倒入做法 5，拌匀。

7 加入红枣泥，拌匀。

8 用饭匙慢慢地至水分收干，加入桂圆肉碎，拌匀，趁热倒在防粘布上。

9 加入熟核桃仁，双手戴上防烫手套和塑料袋，用手将糖团揉匀。

10 压平整形，盖上防粘布，以擀面杖擀平，待还有微温时切块，用糖果纸包装即可。

法式柳橙软糖

法式水果软糖一定要用进口的高档果泥做吗？其实，换成市售的果汁一样能够做出高水准的水果软糖！

材料

每日 C 柳橙汁	250g	水饴（86%Brix）	90g
细砂糖 A	100g	柠檬酸	2g
法国软糖果胶粉	30g	冷开水	5g
细砂糖 B	100g	细砂糖 C	适量
葡萄糖浆（或玉米糖浆）	90g		

做法

1 细砂糖 A + 法国软糖果胶粉，混合均匀。

2 葡萄糖浆 + 水饴，隔水加热融匀，熄火保温。

3 每日 C 柳橙汁倒入锅中，加入细砂糖 B、做法 2 的糖浆。

4 上炉煮到 60℃，熄火。

5 分次慢慢地加入做法 1 混匀的砂糖果胶粉，用打蛋器完全搅匀。

6 以中小火慢慢煮到 107℃，熄火。
P.S.：温度越高，糖果越硬。

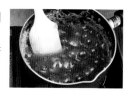

7 柠檬酸 + 冷开水调匀，倒入做法 6 中，拌匀。

8 模型喷上烤盘油，倒入糖浆，抹平。

9 放在常温下静置冷却变硬，脱模，蘸上细砂糖 C 即可。

法式百香凤梨软糖

使用进口冷冻果泥的好处，就是出厂前的商品都会经过标准化检验，每次的酸甜、水分都一致，制作软糖时很好掌控，但你也可以试着以当季新鲜果泥来做调配，会有意想不到的美味。

材料

法国进口冷冻百香果果泥	100g	水饴（86％Brix）	90g
新鲜凤梨果泥	150g	细砂糖 B	100g
细砂糖 A	100g	柠檬酸	2g
法国软糖果胶粉	30g	冷开水	5g
葡萄糖浆（或玉米糖浆）	90g	细砂糖 C	适量

做 法

1 细砂糖 A + 法国软糖果胶粉，混合均匀。

2 葡萄糖浆 + 水饴，隔水加热融匀，熄火保温。

3 冷冻百香果果泥 + 新鲜凤梨果泥 + 细砂糖 B + 做法 2 的糖浆，隔水加热拌匀，煮至 60℃，熄火保温。

4 分次慢慢地加入做法 1 混匀的砂糖果胶粉，用打蛋器完全搅匀。

5 以中小火慢慢地煮到 108℃，熄火。

6 柠檬酸 + 冷开水调匀，倒入做法 5 中，拌匀。

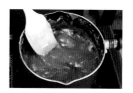

7 取正方形模型铺上防粘纸，倒入糖浆，常温下静置冷却变硬。

8 脱模，切成 3cm×3cm 的方块状。

9 表面蘸上适量细砂糖 C 即可。

法式草莓覆盆子
软糖

草莓和覆盆子皆属莓果类，搭配起来酸
中带甜、香气迷人。挑选模型时，也能
使用造型多变又好脱模的硅胶模，既方
便又能让糖果外形更可爱。

制作分量—约 450 克

最佳赏味—室温 7 天或冷藏 14 天

材料

法国进口冷冻覆盆子果泥	100g	水饴（86％Brix）	90g
法国进口冷冻草莓果泥	150g	细砂糖 B	100g
细砂糖 A	100g	柠檬酸	2g
法国软糖果胶粉	30g	冷开水	5g
葡萄糖浆（或玉米糖浆）	90g	细砂糖 C	适量

做法

1 细砂糖 A + 法国软糖果胶粉，混合均匀。

2 葡萄糖浆 + 水饴，隔水加热融匀，熄火保温。

3 冷冻覆盆子果泥 + 草莓果泥 + 细砂糖 B + 做法 2 的糖浆，隔水加热拌匀。

4 煮至 60℃，熄火，分次慢慢地加入做法 1 混匀的砂糖果胶粉，用打蛋器完全搅匀。

5 以中火慢慢煮到 108℃，熄火，倒入调匀的柠檬酸 + 冷开水。

6 将糖浆倒入模型中，常温下静置冷却变硬。

7 脱模，表面蘸上适量细砂糖 C 即可。

法式黑嘉丽软糖

黑醋栗的酸度比较高，在煮糖浆时要把温度提高，做出来的软糖凝结性会比较好，软糖才不会太软，加上水分煮干一些，保存期限也较久。

材料

法国进口冷冻黑醋栗果泥	200g	水饴（86％Brix）	100g
法国进口冷冻洋梨果泥	100g	柠檬酸	2g
细砂糖 A	30g	冷开水	4g
法国软糖果胶粉	25g	细砂糖 C	适量
细砂糖 B	350g		

做法

1 细砂糖 A + 法国软糖果胶粉，混合均匀。

2 冷冻黑醋栗果泥 + 洋梨果泥 + 细砂糖 B + 水饴，隔水加热拌匀。

3 煮至 60℃，熄火，分次慢慢加入做法 1 混匀的砂糖果胶粉，用打蛋器完全搅匀。

4 以中小火慢慢地煮到 108 ~ 110℃，熄火。

5 倒入调匀的柠檬酸 + 冷开水。

6 将糖浆倒入模型中，常温下静置冷却变硬。

7 脱模，表面蘸上适量细砂糖 C 即可。

法式双色软糖球

球状软糖也可用竹签穿成棒棒糖。如果没有半圆形模，可以先做一色，填入模型约 1/2 满，等到凝固，再煮另一色糖浆填满模型，就能做出可爱的双色软糖。

材料

A 柳橙软糖		B 黑嘉丽软糖	
每日 C 柳橙汁	250g	法国进口冷冻黑醋栗果泥	200g
细砂糖 A	100g	法国进口冷冻洋梨果泥	100g
法国软糖果胶粉	30g	细砂糖 A	30g
细砂糖 B	100g	法国软糖果胶粉	25g
葡萄糖浆（或玉米糖浆）	90g	细砂糖 B	350g
水饴（86％Brix）	90g	水饴 (86％Brix)	100g
柠檬酸	2g	柠檬酸	2g
冷开水	5g	冷开水	4g

做法

1 材料 A 参见 P.119，煮好柳橙糖浆。

2 取半圆形的模型，倒入柳橙糖浆，放在常温下静置冷却变硬。

3 材料 B 参见 P.125，煮好黑嘉丽糖浆。

4 取半圆形的模型，倒入黑嘉丽糖浆，放进冰箱冷藏 12 小时，至冷却变硬。

5 待两种糖浆都定型，取出脱模。

6 各取一色，黏合组合成一颗。

7 表面蘸上适量细砂糖（配方外）即可。

葡萄 QQ 水果糖

吉利丁片是动物胶，所以这款糖果是荤食，素食者不可食用。加入吉利丁片的糖体，色泽会变得比较透明，若有小熊模，可灌入小熊模，就可变身为可爱的小熊 QQ 软糖了。

材料

葡萄果汁	250g	水饴（86%Brix）	90g
细砂糖 A	100g	柠檬酸	2g
法国软糖果胶粉	15g	冷开水	5g
细砂糖 B	150g	吉利丁片	2 片
葡萄糖浆（或玉米糖浆）	90g	细砂糖 C	适量

做 法

1 吉利丁片泡入冰水中泡软，挤干水分。

2 细砂糖 A + 法国软糖果胶粉，混合均匀。

3 葡萄糖浆 + 水饴，隔水加热融匀，熄火保温。

4 葡萄果汁 + 细砂糖 B + 做法 3 的糖浆，隔水加热拌匀，煮至 60℃，熄火。

5 分次慢慢地加入做法 2 混匀的砂糖果胶粉，用打蛋器完全搅匀。

6 以中小火慢慢地煮到 108℃，熄火，倒入调匀的柠檬酸 + 冷开水，稍微放凉。

7 把挤干的吉利丁片放入糖浆中，搅拌至融匀。

8 将糖浆倒入模型中，静置于常温下。

9 待冷却变硬，脱模。

10 表面蘸上适量细砂糖 C 即可。

Part

5

浓郁香醇——巧克力系列

巧克力是大人小孩都喜爱的经典糖果，巧克力的等级范围
差异很大，越高级的巧克力越容易在室温下融化，所以多
需经过调温或冷藏保存。读者可视个人需求选用喜爱的巧
克力品牌和等级。

造型巧克力
棒棒糖

巧克力棒棒糖制作很简单，只要挑选可
爱的模型就很有效果，非常适合做来当
成婚礼小物赠送。

材料

纯白牛奶巧克力	150g
牛奶巧克力	100g
草莓巧克力	100g
天然绿色食用色素	适量

做法

1 取纯白牛奶巧克力、牛奶巧克力和草莓巧克力，各自放入器皿中，隔水加热至融化。

2 取出 50g 融化的做法 1 纯白牛奶巧克力，加入天然绿色食用色素，拌匀。

3 将做法 1～2 的四色巧克力浆分别装入三角纸袋中。

4 在三角纸袋前端剪一个小孔。

5 以猫掌模型示范，若想做双色巧克力，可先挤入单色巧克力浆，放进冰箱冷藏约 10 分钟，至巧克力凝固。

6 取出凝固的做法 5，再灌入另一色巧克力，放进冰箱冷藏约 10 分钟至凝固。

7 取出完成的猫掌巧克力，在背面挤上少许巧克力浆，放上小棒子。

8 再挤上适量巧克力浆，固定小棒子。

9 如使用棒棒糖模，可在巧克力灌入模型的一半量时，放上小棒子。

10 再把巧克力浆灌满。

11 放进冰箱冷藏约 10 分钟至凝固，取出脱模。

12 完成的巧克力棒棒糖脱模后，使用彩色铝箔纸包装即可。

榛果杏仁
巧克力球

破解市售高价巧克力球制法，模拟
出好吃又简单的榛果杏仁巧克力
球。在特殊节日时也可以购买花
套，自己做出巧克力球花束。

材 料

市售巧克力小泡芙	20 颗
榛果	20 颗
杏仁角	100g
法芙娜 55% 牛奶巧克力	100g
70% 苦甜巧克力	100g

做 法

1 榛果和杏仁角放入已预热至150℃的烤箱中，烘烤约 15 分钟至熟。

2 法芙娜 55% 牛奶巧克力、70% 巧克力混合，隔水加热至融化，备用。

3 小泡芙从中间切开放入一颗烤熟的榛果，切口蘸上融化的巧克力组合还原，放入冰箱冷藏 5 分钟。

4 取出泡芙裹上融化的巧克力，滚匀，取出。

5 放入烤熟的杏仁角中滚匀，放入冰箱冷藏 10 分钟。

6 以金色铝箔纸包装。

7 放入纸模以泡棉胶黏合即可。

8 亦可购买花套组合成榛果杏仁巧克力球花棒。

135

法式曼帝昂宴会
巧克力

Mendiant 是源自法国的传统巧克力甜
点，在巧克力上以不同的果干和坚果点
缀，是贵族宴会不可或缺的甜点选项。

材料

牛奶巧克力	100g	熟开心果粒	适量
苦甜巧克力	100g	熟核桃	适量
熟杏仁果	适量	葡萄干	适量
熟榛果粒	适量	杏桃干	适量

做 法

1 备好喜爱的熟坚果和果干，果干可视大小剪小块，备用。

2 牛奶巧克力、苦甜巧克力混合，隔水加热至融化，备用。

3 装入挤花袋中，剪出小孔。

4 稍微待巧克力放到微温（避免流动性太好，挤巧克力片时太薄），在砂胶垫上挤出圆形。

5 快速摆上杏仁果、榛果粒、开心果粒、葡桃干、杏桃干、核桃。

6 移进冰箱冷藏 10 分钟至凝固，取出包装即可。

脆岩黑巧克力

把杏仁条裹上焦糖，可以让杏仁表面增
加脆脆的口感，蘸上巧克力后可以吃到
多层次的口味变化。

制作分量—约 15 个

最佳赏味—冷藏 14 天

材 料

A

烤熟杏仁条	130g
水	25g
细砂糖	30g
无盐黄油	10g

B

苦甜巧克力	150g
综合水果蜜饯	35g
焦糖杏仁	150g
白巧克力碎	适量

做 法

1 水、细砂糖上炉煮滚，加入烤熟杏仁条以大火快炒。

2 炒至水分收干，使杏仁条表面呈焦糖色，加入无盐黄油，拌匀。

3 倒在硅胶垫上摊开，放凉。

4 冷却的焦糖杏仁条放入钢盆，加入综合水果蜜饯；苦甜巧克力隔水加热至融化，倒入钢盆中拌匀。

5 用小汤匙舀巧克力杏仁条到硅胶垫上，整形成团。

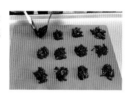

6 表面撒上白巧克力碎，移进冰箱冷藏 10 分钟，取出包装即可。

覆盆子生巧克力

制作生巧克力一定要使用品质好的巧克力，手边若有均质机，可以让完成的生巧克力更柔顺光滑。你也可以试着把覆盆子果泥换成其他口味的果泥。

制作分量—约 450g

最佳赏味—冷藏 7 天

材 料

法国进口冷冻覆盆子果泥	110g	法芙娜 70% 苦甜巧克力	400g
动物性淡奶油	60g	覆盆子白兰地	20g
水饴（86% Brix）	50g	防潮可可粉	适量

做 法

1 覆盆子果泥、动物性淡奶油、水饴上炉，煮滚。

2 熬煮到果泥浓缩到剩 1/2 的量。

3 法芙娜 70% 苦甜巧克力隔水加热至融化，分 2 次倒入浓缩好的果泥中，拌匀。

4 倒入覆盆子白兰地，拌匀。

5 若有均质机请打至光滑均质状，均质时不要把空气打进去。

6 20cm×20cm×1cm 的生巧克力铁框底部铺硅胶垫或防粘纸，倒入巧克力液体，抹平，以保鲜膜密封，移进冰箱冷藏 30 分钟。

7 用小刀把模型四周划开，脱模，刀加热，切成 3cm×3cm 的块状。

8 将生巧克力块均匀裹上防潮可可粉即可。

金字塔百香果
巧克力

如果没有金字塔模，亦可使用其他有深
度的模型来制作巧克力壳，一样能填入
内馅做出丰富的藏心巧克力。

材料

苦甜巧克力	300g	细砂糖	35g
百香果果泥	100g	无盐黄油	25g
动物性淡奶油	55g	牛奶巧克力	155g
蛋黄	2 个	食用金箔	适量

做 法

1 巧克力模型，喷上烤盘油，备用。

2 苦甜巧克力隔水加热至融化，淋在金字塔巧克力模型上。

3 左右翻转模型，用力地把模型里多余的巧克力倒出来（保留备用），形成巧克力壳，放入冰箱冷藏。

4 蛋黄和细砂糖混合，用打蛋器搅匀。

5 百香果泥和动物性淡奶油上炉，煮滚，分次冲入做法 4 的蛋黄中打匀。

6 回炉上煮到 85℃，加入无盐黄油拌匀，过筛，备用。

7 牛奶巧克力隔水加热至融化，离炉；做法 6 分 3 次倒入锅中，拌匀。

8 隔冰块水降温，装入挤花袋中。

9 挤到已冰冷凝固的巧克力壳中，移进冰箱再冷藏 20 分钟。

10 取出，将做法 3 多余的巧克力再次融化，用来填满底部，抹平，再移进冰箱冷藏 20 分钟。

11 取出脱模。

12 顶部以食用金箔装饰即可。

制作分量—约 8 片

最佳赏味—室温 1 个月

香脆巧克力片

利用简单的食材创造美味的口感，除了玉米脆片外，也可以加入切碎的果干一起拌匀，能增加更多不同风味的变化。

做 法

1 70% 苦甜巧克力和牛奶巧克力一起隔水加热至融化，备用。

2 玉米脆片稍微捏碎。

材 料

70% 苦甜巧克力	200g
牛奶巧克力	30g
玉米脆片	100g
烤熟杏仁片	适量

3 把融化巧克力拌入玉米脆片，拌匀。

5 贴上 5 片烤熟杏仁片。

4 取约 40g 填入喜爱的模型。

6 放入冰箱冷藏 10 分钟，取出脱模即可。